2020年畜牧业发展形势及2021年展望报告

农业农村部畜牧兽医局
全国畜牧总站 编

中国农业科学技术出版社

图书在版编目（ＣＩＰ）数据

2020 年畜牧业发展形势及 2021 年展望报告 / 农业农村部畜牧兽医局，全国畜牧总站编 . — 北京 : 中国农业科学技术出版社 , 2021.3

ISBN 978-7-5116-5215-7

Ⅰ . ① 2… Ⅱ . ①农… ②全… Ⅲ . ①畜牧业经济—经济分析—中国— 2020 ②畜牧业经济—经济预测—中国— 2021 Ⅳ . ① F326.3

中国版本图书馆 CIP 数据核字 (2021) 第 041490 号

责任编辑	李冠桥
责任校对	李向荣
责任印制	姜义伟　王思文
出 版 者	中国农业科学技术出版社
	北京市中关村南大街 12 号　邮编：100081
电 话	(010)82109705（编辑室）　　(010)82109702（发行部）
	(010)82109709（读者服务部）
传 真	(010)82106625
网 址	http://www.castp.cn
经 销 者	各地新华书店
印 刷 者	北京科信印刷有限公司
开 本	880mm×1 230mm　　1/16
印 张	3.75
字 数	73 千字
版 次	2021 年 3 月第 1 版　　2021 年 3 月第 1 次印刷
定 价	50.00 元

《2020年畜牧业发展形势及
2021年展望报告》

编委会

前　言

　　畜牧业是关系国计民生的重要产业,肉蛋奶是百姓"菜篮子"的重要品种。近年来,我国畜牧业综合生产能力不断增强,在保障国家食物安全、繁荣农村经济、促进农牧民增收等方面发挥了重要作用。

　　2020 年是畜牧业发展极不平凡的一年,克服了新冠肺炎疫情、饲料价格上涨、家禽产品替代效应递减等不利因素影响,生猪生产快速恢复,禽肉禽蛋生产明显增长,牛羊肉生产稳中有增,畜产品供应总量充足,质量安全保持较高水平,绿色发展水平显著提升,现代畜牧业建设站在新的起点上。

　　畜牧业统计监测和信息发布工作是畜牧生产管理的基础。一年来,全国畜牧兽医系统继续加强数据采集和形势研判,启动生猪规模养殖场全覆盖监测,及时发布生产预警,为行业管理和生产引导提供了有力支撑。近期,农业农村部畜牧兽医局、全国畜牧总站组织畜牧业监测预警专家团队撰写了《2020 年畜牧业发展形势及 2021 年展望报告》,该报告以农业农村部监测数据为基础,结合国家统计局和海关总署等部门统计数据,系统回顾了 2020 年生猪、蛋鸡、肉鸡、奶牛、肉牛、肉羊等主要畜禽品种的发展形势,分析展望了 2021 年走势,供行业从业者和相关领域人员参考。

　　由于编者水平所限,加之时间仓促,书中难免有疏漏和不足之处,敬请各位读者批评指正。

编　者

2021 年 3 月

目　录

2020 年生猪产业发展形势及 2021 年展望 1

　摘　要 1

　一、2020 年生猪产业形势 1

　　（一）产能恢复超出预期，已达常年水平 90% 以上 1

　　（二）3 月以来市场供应逐步增加，全年猪肉产量同比略降 1

　　（三）猪价总体震荡下行，养殖盈利保持较高水平 2

　　（四）规模化进程明显加快，产业素质快速提升 3

　　（五）猪肉进口同比翻倍，出口下降明显 4

　二、2021 年生猪生产形势展望 5

　　（一）产能恢复势头仍将延续，预期目标或提前完成 5

　　（二）饲料原料价格上涨明显，养殖成本或居高不下 5

　　（三）新冠肺炎疫情影响冷链外贸，猪肉进口或有所下降 6

　　（四）规模化水平将继续提高，产业素质持续提升 6

　　（五）猪肉市场供需形势好转，价格总体将趋势性下行 6

2020 年蛋鸡产业发展形势及 2021 年展望 7

　摘　要 7

　一、2020 年蛋鸡产业形势 7

　　（一）商品蛋鸡存栏冲高回落，产能加快调减 7

　　（二）鸡蛋消费不振，价格低位运行 8

　　（三）饲料原料价格上涨明显，养殖成本增加 9

　　（四）蛋鸡规模化进程加快 9

　　（五）蛋种鸡产能充足 9

　二、2021 年蛋鸡生产形势展望 9

　　（一）鸡蛋产能趋于合理水平 9

　　（二）养殖效益总体向好 9

　　（三）饲料停抗带来新挑战 10

　　（四）线上鸡蛋销售模式不断发展 11

2020 年肉鸡产业发展形势及 2021 年展望 12

　摘　要 12

　一、2020 年肉鸡产业形势 12

　　（一）肉鸡生产保持较快增长 12

　　（二）种鸡存栏量和商品雏鸡产销量继续增加 12

　　（三）价格低位运行，全产业链收益大幅缩窄 15

　　（四）种鸡利用率下降，商品鸡生产效率上升 17

　　（五）鸡肉产品进口量继续大幅增加，贸易逆差扩大 18

　　（六）鸡肉消费增速减缓，但仍保持较快增长 20

　二、2021 年肉鸡生产形势展望 20

　　（一）肉鸡产能仍然相对过剩，需要合理调减 20

　　（二）肉鸡饲料成本上涨，收益难以明显改观 20

　　（三）冰鲜肉鸡发展加速，黄羽肉鸡销售区域扩大 21

2020 年奶业发展形势及 2021 年展望 22

　摘　要 22

　一、2020 年奶业形势 22

　　（一）生鲜乳产量显著增长，创历史新高 22

（二）奶牛存栏由降转增，区域优势明显 22

（三）生鲜乳价格波动明显，持续高位运行 23

（四）养殖效益增加，为近 6 年来最好水平 24

（五）分散养殖加快退出，规模化程度不断提升 26

（六）奶牛生产性能不断提升，单产水平连创新高 26

（七）消费需求呈增加趋势，乳制品产量持续增长 27

（八）乳制品和牧草进口量继续增长，增幅明显收窄 27

二、2021 年奶业生产形势展望 28

（一）奶牛存栏量将稳步增长，牛奶产量有望再创新高 28

（二）乳制品消费量继续增长，生鲜乳价格将高位运行 29

（三）奶业全产业链竞争力增强，高质量发展进程加快 30

2020 年肉牛产业发展形势及 2021 年展望 31

摘　要 31

一、2020 年肉牛产业形势 31

（一）牛肉产量小幅增长 31

（二）肉牛产能处于近年高位 32

（三）肉牛产业素质持续提高 33

（四）牛肉消费继续增长，供需缺口呈扩大趋势 34

（五）肉牛产品价格持续高涨，养殖效益处于较高水平 34

（六）牛肉进口大幅增加，进口价格下滑 36

二、2021 年肉牛生产形势展望 37

（一）肉牛生产保持稳中有增 37

（二）牛肉消费将持续增长 37

（三）牛肉进口继续增长 37

（四）肉牛养殖保持较好收益 37

2020 年肉羊产业发展形势及 2021 年展望 38

摘　要 38

一、2020 年肉羊产业形势 38

（一）肉羊生产稳中向好 38

（二）肉羊产业素质稳步提升 39

（三）肉羊产品价格涨幅明显 40

（四）肉羊养殖总成本上升 42

（五）肉羊养殖效益显著提升 42

（六）羊肉进口下降 43

二、2021 年肉羊生产形势展望 43

（一）肉羊生产稳中有增 43

（二）羊肉消费需求继续增长 43

（三）肉羊养殖效益将继续处于较好水平 44

（四）羊肉进口量将保持稳定 44

2020 年畜产品贸易形势及 2021 年展望 45

摘　要 45

一、畜产品贸易 45

（一）肉类进口量大幅增加 45

（二）蛋类出口量略增 46

（三）乳品进口品种间增减出现分化 47

二、国际畜产品市场形势 47

三、2021 年中国畜产品贸易展望 48

（一）2021 年全球肉类产量和贸易量总体增长 48

（二）预计 2021 年我国肉类进口量总体下降，奶类可能小幅增长 ... 49

2020 年生猪产业发展形势及
2021 年展望

摘 要

2020 年，我国生猪生产持续加快恢复，成效超出预期。综合农业农村部监测和国家统计局数据①，截至 2020 年 12 月，全国生猪存栏连续 11 个月增长，能繁母猪存栏连续 15 个月增长，分别恢复到 2017 年的 92.1% 和 93.1%。受前期产能下降的影响，全年出栏同比下降 3.2%，猪肉产量同比下降 3.3%，猪肉价格、养殖盈利及进口数量均创历史新高。预计 2021 年生猪产能恢复目标可提前完成，猪肉产量同比将有较大幅度增长，全年猪肉供应量将呈前低后高态势，市场供应将逐步增加，生猪市场价格总体将处在趋势性下行通道。

一、2020 年生猪产业形势

（一）产能恢复超出预期，已达常年水平 90% 以上

据农业农村部监测，截至 2020 年 12 月，全国能繁母猪存栏连续 15 个月增长，生猪存栏连续 11 个月增长，月均增速分别达到 3.1% 和 4.1%（图 1）。国家统计局数据显示，2020 年末全国生猪存栏 40 650 万头，比 2019 年增加 9 610 万头，同比增长 31.0%，相当于 2017 年末存栏的 92.1%。其中，能繁母猪存栏 4 161 万头，比上年增加 1 081 万头，同比增长 35.1%，相当于 2017 年末的 93.1%。

（二）3 月以来市场供应逐步增加，全年猪肉产量同比略降

农业农村部监测数据显示，截至 2020 年 12 月，全国生猪出栏连续 10 个月增加，猪肉市场供应逐月改善（图 2）。据对规模以上生猪屠宰企业监测，2020 年 7—12 月屠宰量分别为 1 171 万头、1 179 万头、1 285 万头、1 433 万头、1 626 万头和 2 060 万头，12 月比 7 月增加 889 万头，增幅达 75.9%。据国家统计局数据显示，上半年全国生猪出栏 2.51 亿头，同比下

---

① 本报告分析判断主要基于 400 个生猪养殖县中 4 000 个定点监测村、1 200 个年设计出栏 500 头以下养殖户以及全国范围内 17 万家年设计出栏 500 头以上规模养殖场的生产和效益监测数据。

降 19.9%；下半年出栏 2.76 亿头，同比增长 19.6%。全年生猪出栏 5.27 亿头，猪肉产量 4 113.3 万吨，同比分别下降 3.2% 和 3.3%，同比降幅较上年大幅收窄。

（三）猪价总体震荡下行，养殖盈利保持较高水平

农业农村部 500 个县集贸市场价格监测数据显示，2020 年 2 月、8 月和 12 月全国生猪及猪肉价格出现了 3 轮季节性上涨，但峰值渐次走低，总体呈震荡下行趋势。

从周度数据来看，2 月最高价为每千克 59.64 元，8 月最高价为 56.09 元，12 月最高价为 51.65 元。12 月最高价格比 2 月的历史高位下降 7.99 元（图 3）。据对养猪场（户）定点监测，2020 年以来，生猪养殖头均盈利保持在 1 700 元以上，个别

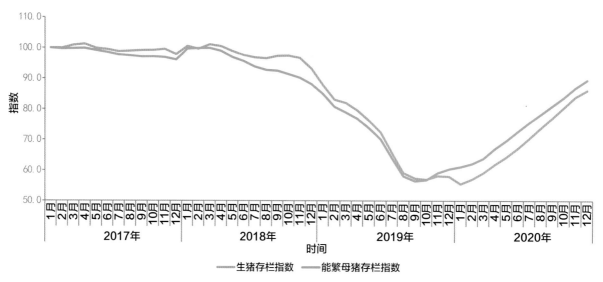

图 1　2017—2020 年生猪存栏指数及能繁母猪存栏指数变动趋势

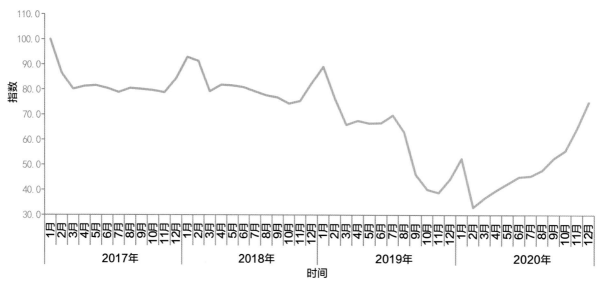

图 2　2017—2020 年生猪出栏指数变动趋势

月份达到 2 700 元；全年头均盈利为 2 252 元，远超正常年份盈利水平（图 4）。

（四）规模化进程明显加快，产业素质快速提升

预计 2020 年生猪养殖规模化率可达到 57% 左右，比 2019 年提升 4 个百分点，明显高于常年 2 个百分点左右的增幅。在全国生猪出栏同比下降的情况下，部分大

型养殖企业生猪出栏实现大幅增长。数据显示，2020 年出栏量全国排名前 20 的养殖企业共出栏生猪 7 808 万头，较 2019 年出栏量全国排名前 20 的养殖企业多出栏 2 600 万头；排名前 20 的企业生猪出栏量占全国总出栏量的比重达到 14.8%，较 2019 年提高 3.4 个百分点。2020 年，规模养殖企业在生物安全防控和圈舍改造等方面都加大了投入，生猪产业素质大幅

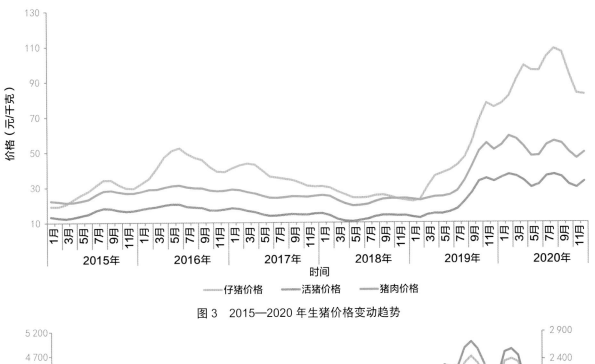

图 3　2015—2020 年生猪价格变动趋势

图 4　2015—2020 年生猪养殖头均纯利润变动趋势

提升（图 5）。

（五）猪肉进口同比翻倍，出口下降明显

海关数据显示，2020 年我国猪肉进口总量 439.1 万吨，较 2019 年的 210.8 万吨增长 108.3%，再创历史新高（图 6）。从进口来源看，西班牙是我国第一大猪肉进口来源国，进口量为 96.1 万吨，占总

进口量的 21.9%；其次为美国，进口量为 69.9 万吨，占总进口量的 15.9%；第三大进口来源国为巴西，进口量为 48.2 万吨，占总进口量的 11.0%。排名前三的国家，猪肉进口量占全国总进口量比重接近 50%（图 7）。受非洲猪瘟疫情的影响，近两年我国猪肉出口总量明显下降，2020 年出口 1.1 万吨，同比下降 60.2%（图 8）。

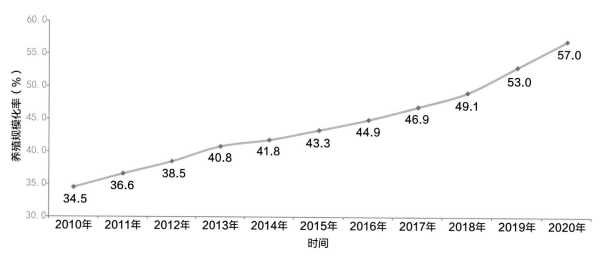

图 5　2010—2020 年我国生猪养殖规模化率变动趋势

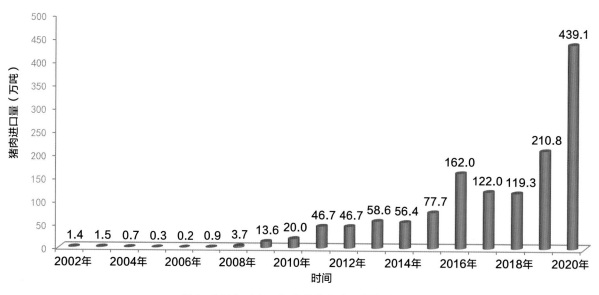

图 6　2002—2020 年我国猪肉进口量变动趋势

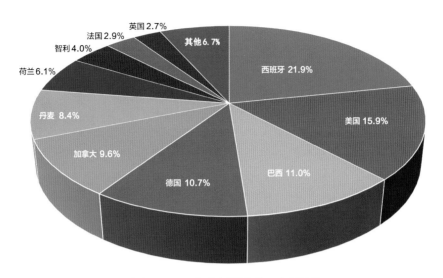

图 7　2020 年我国猪肉进口来源结构

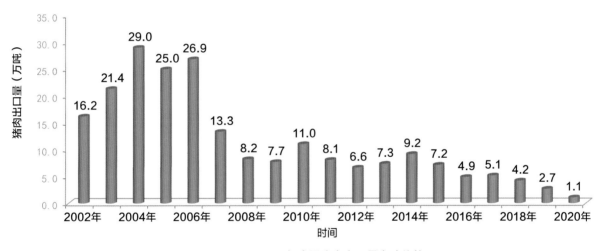

图 8　2002—2020 年我国猪肉出口量变动趋势

二、2021 年生猪生产形势展望

（一）产能恢复势头仍将延续，预期目标或提前完成

当前，生猪养殖盈利保持较高水平，行业疫情防控意识和防控能力明显增强，加上政策环境宽松，生猪产能仍将保持较好恢复势头。排除异常因素的影响，按照当前生猪产能恢复势头推算，预计 2021 年第二季度能繁母猪存栏可恢复到正常年份水平，第三季度生猪存栏可恢复到正常年份水平，第四季度生猪出栏可恢复到正常年份水平。

（二）饲料原料价格上涨明显，养殖成本或居高不下

2020 年以来，以玉米、豆粕为代表的饲料原料价格上涨幅度较大，饲料成本持续提升，饲料企业多次上调饲料价格，推动生猪养殖成本明显增长。随着生猪产能的持续恢复，2021 年饲料原料需求还会进一步增加，预计饲料价格短期内难以

明显下降。与此同时，非洲猪瘟等动物疫病风险仍将长期存在，养殖场（户）在圈舍改造、动物疫病防控和人工费用等方面的投入会继续保持较高水平，生猪养殖成本或将居高不下。

（三）新冠肺炎疫情影响冷链外贸，猪肉进口或有所下降

目前，新冠肺炎疫情全球蔓延，形势仍然严峻，部分国家和企业暂停向我国出口猪肉。2020 年下半年以来，包括猪肉在内的进口冷链食品新冠病毒核酸阳性检出率明显增加，导致进口冻肉出库和上市流通不畅，港口出现积压现象。随着猪肉市场供应逐步增加，预计 2021 年国内冻肉价格总体呈下降趋势，进口商利润空间收窄，订单数量也会随之下降。受上述因素影响，2021 年猪肉进口数量预计将出现一定幅度下降。

（四）规模化水平将继续提高，产业素质持续提升

相关数据显示，2020 年出栏量排名前 20 的企业，其 2021 年生猪出栏计划目标高达 18 967 万头，较 2020 年增加 142.9%[①]。大批 2020 年新建的规模养殖场将在 2021 年陆续投产。照此趋势判断，2021 年生猪养殖规模化率有望达到 60% 以上。中国畜牧业协会对 600 家种猪企业监测数据显示，2020 年种猪企业二元母猪销量同比增长 83.1%。在能繁母猪数量逐步增长的过程中，预计 2021 年能繁母猪群体质量和效率也将明显提高，生猪产业素质将继续提升。

（五）猪肉市场供需形势好转，价格总体将趋势性下行

截至 2020 年 12 月，全国能繁母猪存栏已连续 15 个月环比增长，规模养殖场新生仔猪数量已连续 11 个月环比增长。排除异常因素的影响，按生物学规律推算，2021 年生猪市场供应将持续增加，全年出栏量将呈前低后高态势。结合前期生猪产能恢复数据推算，2021 年猪肉产量或将达到 4 800 万吨左右，同比增幅约 15%，猪肉供应形势将明显好于 2020 年，生猪市场价格总体将处在趋势性下行通道。

---

① 数据来源于中国猪业高层交流论坛。

2020 年蛋鸡产业发展形势及
2021 年展望

摘　要

2020 年，全国产蛋鸡存栏和鸡蛋产量达到历史最高水平，鸡蛋产量同比增长 4.3%。受新冠肺炎疫情的影响，消费需求相对不振，鸡蛋市场供过于求。全年鸡蛋价格持续低位运行，呈现"前陡降后缓升"的"U"字形曲线，加之饲料成本上涨，蛋鸡养殖总体处于亏损状态。由于养殖行情低迷，全年雏鸡补栏量减少、淘汰蛋鸡数量增加、淘汰日龄提前，但蛋鸡产能仍处于正常偏高水平。随着产能逐步调整到位，2021 年鸡蛋产量将高位回落，养殖效益将回归正常，产业整体形势好于上年[①]。

一、2020 年蛋鸡产业形势

（一）商品蛋鸡存栏冲高回落，产能加快调减

受 2019 年蛋鸡养殖效益创近 10 年最高，养殖户积极补栏的影响，2020 年产蛋鸡存栏达到历史新高。据农业农村部监测，2020 年蛋鸡平均存栏同比增长 5.6%（图 1），鸡蛋产量同比上升 4.3%。而消

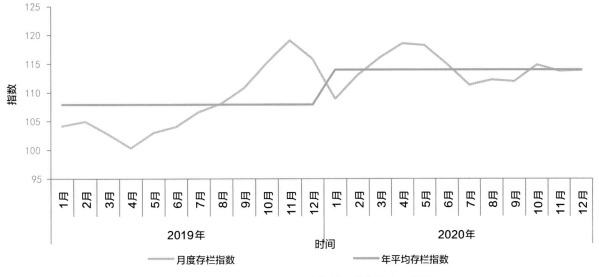

图 1　2019—2020 年产蛋鸡存栏合成指数变动趋势

① 报告分析判断主要基于全国 12 个省 100 个蛋鸡生产县生产和效益监测数据。

费相对不振，蛋价持续低迷，养殖者出现严重亏损，淘汰蛋鸡加快，雏鸡补栏减少。2020 年，雏鸡补栏同比下降 2.6%，淘汰鸡数量同比增加 31.7%，平均淘汰鸡日龄同比减小 13 天。12 月末，产蛋鸡存栏同比下降 1.7%，但仍处于正常偏高水平。

（二）鸡蛋消费不振，价格低位运行

受新冠肺炎疫情影响，企业等团体消费下降，鸡蛋市场需求偏弱。据对 240 个县集贸市场监测，2020 年全年鸡蛋交易量比上年下降 1.4%。鸡蛋价格处于历史同期较低水平，蛋鸡养殖总体亏损。据农业农村部监测，2020 年鸡蛋平均价格为 6.58 元 / 千克，比上年下降 22.8%（图 2），2020 年饲养一只蛋鸡平均亏损 1.03 元，而上年收益为 45.97 元（图 3）。

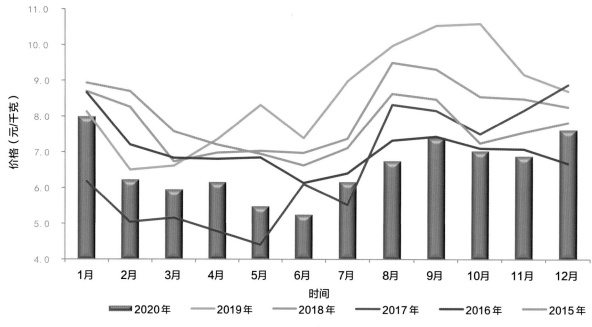

图 2　2015—2020 年监测户鸡蛋价格变动趋势

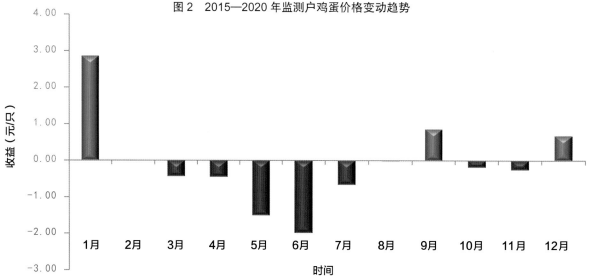

图 3　2020 年监测户养殖收益情况

（三）饲料原料价格上涨明显，养殖成本增加

受玉米、豆粕等饲料原料价格上涨等因素的影响，蛋鸡饲料价格大幅上涨，蛋鸡养殖成本持续上升。鸡蛋的平均饲料成本从 1 月的 5.44 元 / 千克，涨到 12 月的 6.16 元 / 千克，全年鸡蛋的平均饲料成本为 5.78 元 / 千克，比上年增长 5.8%（图 4）。

（四）蛋鸡规模化进程加快

据农业农村部监测，2020 年存栏大于 5 万只以上的规模养殖场存栏占比增加。2020 年 12 月，存栏大于 5 万只且小于 10 万只和大于 10 万只的规模养殖场占比分别为 18.4% 和 38.6%，较 2020 年初分别上升 2.5 个和 4.7 个百分点（图 5）。

（五）蛋种鸡产能充足

近年来，我国蛋种鸡自主育种实力不断增强，蛋鸡种源有保障。2020 年 12 月，祖代产蛋种鸡存栏 54.3 万套，实际需求为 36 万套。全年蛋种鸡产能持续调减，年度在产祖代种鸡平均存栏同比下降 6.0%（图 6），在产父母代种鸡存栏仍处于高位，平均存栏同比上升 6.0%（图 7）。

二、2021 年蛋鸡生产形势展望

（一）鸡蛋产能趋于合理水平

2020 年 12 月，当月后备蛋鸡存栏同比减少 31.1%，新增雏鸡补栏同比减少 24.2%。预示未来 4 个月产能将继续调减，产能将回归到合理水平。

（二）养殖效益总体向好

受玉米需求增加和新冠肺炎疫情等因素的影响，部分国家禁止或限制粮食出口，预计饲料价格短期内难以明显下降，饲料价格将推高蛋鸡养殖成本。随着蛋鸡产能调整到位，鸡蛋价格将会逐步回升，

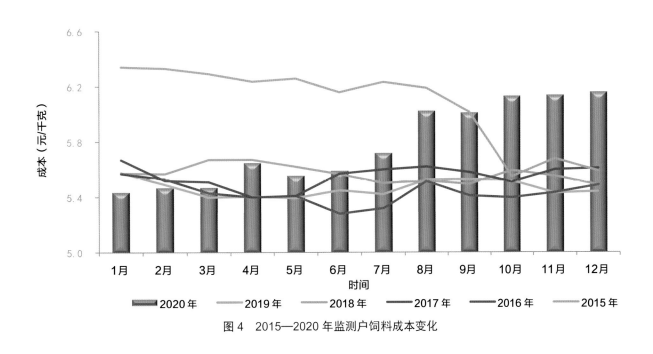

图 4　2015—2020 年监测户饲料成本变化

养殖效益将回归正常。

（三）饲料停抗带来新挑战

促生长类抗菌药物全面退出后，短期

内可能会影响蛋鸡生产性能的充分发挥，一定程度上降低养殖效率。养殖场（户）需要采取环境改善和营养保健等方面的综合技术措施，应用绿色高效的药物饲料添

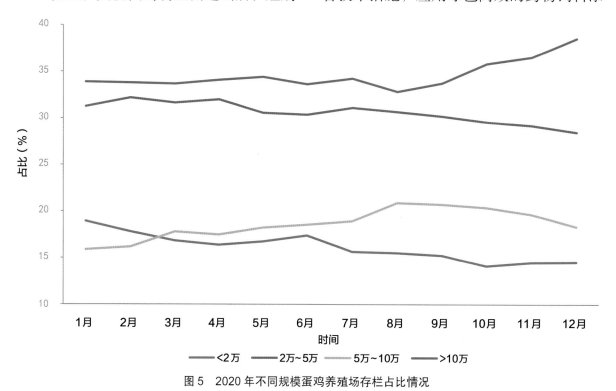

图 5　2020 年不同规模蛋鸡养殖场存栏占比情况

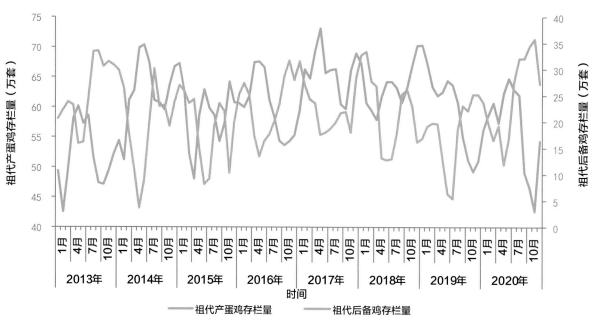

图 6　2013—2020 年监测企业祖代产蛋鸡和祖代后备鸡存栏量

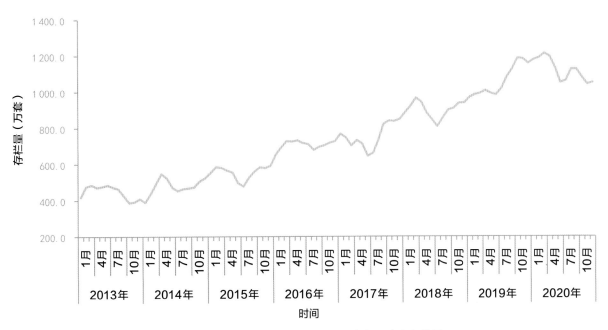

图 7　2013—2020 年监测企业父母代产蛋种鸡存栏量

加剂替代品，强化生物安全管控，养殖成本将有所提升。

（四）线上鸡蛋销售模式不断发展

线上渠道成本相对较低，利润和成长性相对较高。2020 年上半年，受新冠肺炎疫情影响，蛋鸡产业拓展营销渠道，在传统的线下销售模式之外，逐步拓展出通过电商平台、直播带货、社群营销等新型模式进行线上销售。随着生活节奏的加快和网络电商的普及，今后越来越多的消费者将更加习惯线上购买生鲜副食。消费者网购鸡蛋时更加注重品牌和价格的比较，这将推动更多养殖企业适应形势变化，更加注重企业品牌建设，通过线上销售活动获得更多商机。

2020 年肉鸡产业发展形势及 2021 年展望

摘　要

2020 年我国鸡肉生产继续保持较快增长，鸡肉产量仅次于美国，位居世界第二。受新冠肺炎疫情影响，鸡肉消费增速低于预期，导致产能过剩，产业总体收益大幅下降。根据肉鸡生产监测数据测算①，2020 年全国肉鸡出栏 110.2 亿只，同比增长 5.1%；鸡肉产量 1 865.6 万吨，同比增长 10.2%；进口鸡肉 153.6 万吨，同比增长 96.5%；种鸡平均存栏量同比增加 8.5%；产业收益同比减少 76.3%。预计 2021 年鸡肉产量继续保持增长，增长幅度收窄。

一、2020 年肉鸡产业形势

（一）肉鸡生产保持较快增长

2020 年，全国出栏肉鸡 110.2 亿只，同比增长 5.1%；全年鸡肉产量 1 865.6 万吨，同比增长 10.2%。其中，白羽肉鸡出栏 49.2 亿只，同比增长 11.4%；肉产量 977.3 万吨，同比增长 17.6%。黄羽肉鸡出栏 44.2 亿只，同比减少 2.2%；肉产量 560.3 万吨，同比减少 2.2%。小型白羽白鸡出栏 16.7 亿只，同比增长 8.8%；肉产量 193.0 万吨，同比增长 9.0%。淘汰蛋鸡出栏 12.4 亿只，同比增长 20.7%；肉产量 135.0 万吨，同比增长 20.7%（表 1，图 1）。

（二）种鸡存栏量和商品雏鸡产销量继续增加

1. 白羽肉鸡前三季度产能上升，全年种鸡平均存栏增加 18.1%，商品雏鸡产销量增加 12.1%

2020 年白羽肉鸡祖代种鸡平均存栏量 163.3 万套，同比增长 17.2%；平均在产存栏量 105.5 万套，父母代种雏供应量同比增长 24.3%。2020 年末祖代种鸡存栏量 160.9 万套，其中在产存栏量 107.3 万

---

① 本报告中关于中国肉鸡生产数据分析判断主要基于 85 家种鸡企业种鸡生产监测数据，以及 1 099 家定点监测肉鸡养殖场（户）成本收益监测。

表 1　2016—2021 年鸡肉生产量测算

项目	白羽肉鸡		黄羽肉鸡		小型白羽肉鸡		淘汰蛋鸡	
	出栏数（亿只）	产肉量（万吨）	出栏数（亿只）	产肉量（万吨）	出栏数（亿只）	产肉量（万吨）	出栏数（亿只）	产肉量（万吨）
2016	44.78	797.6	39.53	485.1	7.58	79.7	13.55	141.3
2017	40.97	761	36.88	460.1	10.09	106	13.18	139
2018	39.41	757.3	39.59	502.9	12.82	122	10.23	111.2
2019	44.2	830.9	45.23	573	15.36	177	10.29	111.9
2020	49.23	977.3	44.23	560.3	16.71	193	12.42	135
增长量	5.03	146.4	−1	−12.7	1.35	16	2.13	23.2
增长率（％）	11.40	17.60	−2.20	−2.20	8.80	9.00	20.70	20.70
2021（预计）	53.2	1037.4	42.2	521.2	18.5	213.7	10.2	110.9

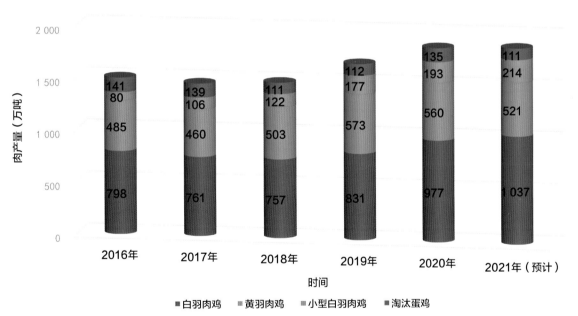

图 1　2016—2021 年鸡肉生产变化趋势

注：图中数据小数点后四舍五入。

套，后备存栏量 53.6 万套。祖代种鸡全年更新 100.3 万套，同比下降 18.0%。其中，进口 73.1 万套，较 2019 年减少 26.2 万套，占 72.9%；国内繁育 27.2 万套，比 2019 年增加 10.0 万套，占 27.1%。

2020 年白羽肉鸡父母代种鸡平均存栏量 6 074.3 万套，同比增加 18.1%；平均在产存栏量 3 500.0 万套，全年商品雏鸡销售量 52.2 亿只，同比增加 12.1%。2020 年末父母代种鸡存栏量 6 145.6 万套，其中，在产存栏量 3 411.7 万套，后备存栏量 2 733.9 万套。父母代种鸡全年更新

6 007.1 万套，同比增加 24.3%（图2至图6）。

2. 黄羽肉鸡产能下降，全年减少 7.3%，种鸡平均存栏量增加 1.9%，商品雏鸡产销量减少 9.8%

2020 年黄羽肉鸡祖代种鸡平均存栏量 219.4 万套，同比增加 4.7%；平均在产存栏量 153.4 万套，父母代种雏供应量减少 7.4%。2020 年末祖代种鸡存栏量 203.4 万套，其中，在产存栏量 142.2 万套，后备存栏量 61.2 万套。祖代鸡全年更新约 227.1 万套，较 2019 年减少约 1.6 万套。

2020 年黄羽肉鸡父母代种鸡平均存栏量 7 614.8 万套，同比增加 1.9%；平均在产存栏量 4 302.4 万套，商品代雏鸡供应量 44.2 亿只，同比减少 9.8%。2020 年末父母代种鸡存栏量 7 259.6 万套，其中，在产存栏量 4 159.2 万套，后备存栏量 3 100.3 万套。父母代种鸡全年更新 7 473.5

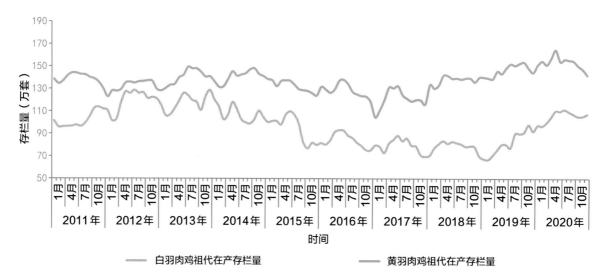

图2　2011—2020 年肉鸡祖代在产存栏量变化

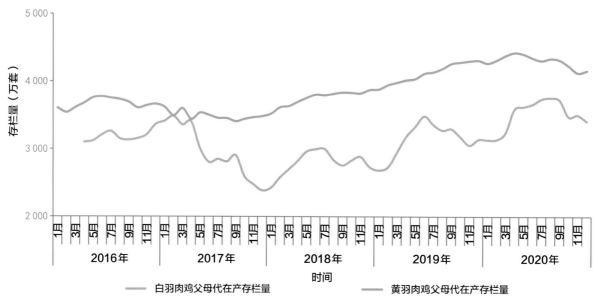

图3　2016—2020 年肉鸡父母代在产存栏量变化

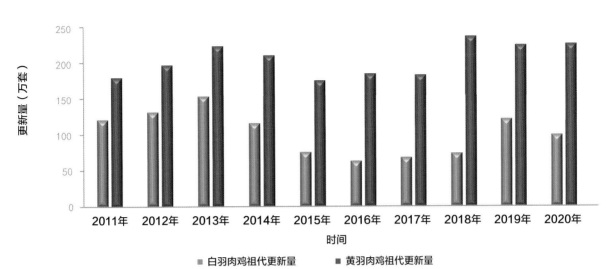

图 4 2011—2020 年肉鸡祖代更新量变化

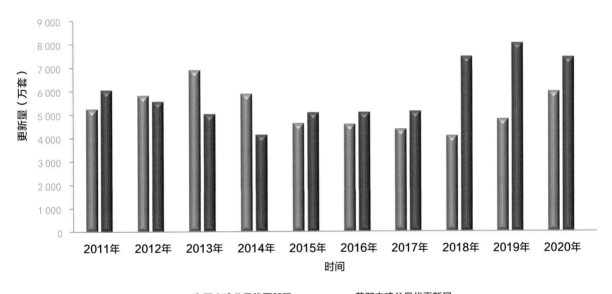

图 5 2011—2020 年肉鸡父母代更新量变化

万套，同比减少 7.4%（图 2 至图 6）。

（三）价格低位运行，全产业链收益大幅缩窄

2020 年，受新冠肺炎疫情影响，鸡肉消费增速低于预期。但产量惯性增长，市场供过于求，肉鸡产业各环节产品价格下降，产业链综合收益缩窄。平均每只白羽肉鸡全产业链综合收益为 1.90 元，

较 2019 年减少 2.90 元，收益降幅 60.5%（表 2），其中，养殖环节收益显著降低，父母代种鸡和商品肉鸡养殖均亏损，每只分别亏损 0.36 元和 0.72 元；屠宰环节收益明显增加，每只达 2.84 元，为近 5 年最高值。黄羽肉鸡全产业链综合收益每只平均 1.35 元，较 2019 年减少 7.79 元，下降 85.2%，为近 10 年最低收益（表 3），其中，祖代养殖收益略有提升，父母代种

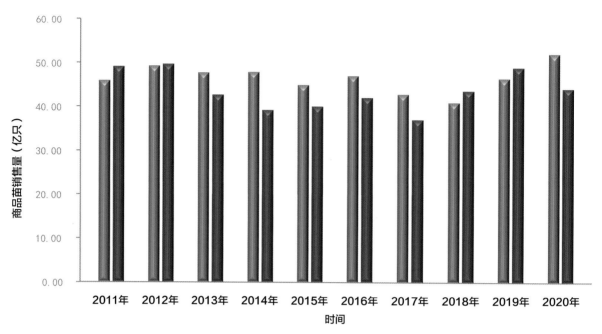

图6 2011—2020年肉鸡商品苗销售量变化

表2 白羽肉鸡产业链各环节收益情况

年度	单位收益（元/只出栏商品鸡）				全产业链收益（元/只）	收益分配情况 (%)			
	祖代	父母代	商品养殖	屠宰		祖代	父母代	商品养殖	屠宰
2015	-0.07	-0.98	-1.26	1.68	-0.39	18.2	251.5	324.5	-431.3
2016	0.31	1.08	-0.69	1.16	1.86	16.6	58.1	-37.3	62.6
2017	0.11	-0.59	0.15	2.21	1.88	6.0	-31.2	7.8	117.4
2018	0.24	1.25	1.65	0.26	3.39	7.0	36.9	48.5	7.7
2019	0.57	4.27	-0.44	0.40	4.80	11.9	88.8	-9.1	8.4
2020	0.14	-0.36	-0.72	2.84	1.90	7.1	-18.7	-38.0	149.5

表3 黄羽肉鸡产业链各环节收益情况

年度	单位收益（元/只出栏商品鸡）				全产业链收益（元/只）	收益分配情况 (%)			
	祖代	父母代	商品养殖	屠宰		祖代	父母代	商品养殖	屠宰
2015	0.02	0.34	5.43	—	5.79	0.3	5.9	93.9	—
2016	0.01	0.35	4.73	—	5.09	0.3	6.8	92.9	—
2017	0.01	0.03	2.52	—	2.56	0.3	1.2	98.5	—
2018	0.06	0.73	4.64	—	5.43	1.1	13.4	85.5	—
2019	0.10	1.71	7.33	—	9.14	1.1	18.8	80.2	—
2020	0.11	0.11	1.13	—	1.35	8.4	8.4	83.2	—

鸡和商品肉鸡养殖收益大幅下降，每只平均分别盈利 0.11 元和 1.13 元。

（四）种鸡利用率下降，商品鸡生产效率上升

1. 白羽肉种鸡单位产量下降，商品鸡生产效率提升

祖代种鸡种源充足，平均更新周期为 566 天，缩短了 71 天，单套种鸡月产量为 5.11 套父母代雏，同比减少 11.0%。父母代产能大于需求，平均更新周期为 433 天，缩短了 36 天，单套种鸡月产量

为 12.45 只商品代雏，同比增加 1.4%。祖代和父母代实际利用率降低（表 4）。

由于商品代雏鸡质量上升，生产性能得到更好地发挥，商品肉鸡生产效率有所提升：饲养周期延长 0.4 天，每只平均出栏体重增加 0.14 千克，饲料转化率提高 2.3%，生产消耗指数下降 3.3，欧洲效益指数提高 21.9（表 5）。

2. 黄羽肉种鸡单位产量降低，商品肉鸡生产效率下降

祖代种鸡使用周期与 2019 年基本相当，平均更新周期为 355 天，缩短了 2 天，

表 4　白羽肉种鸡生产参数

年度	祖代		父母代	
	饲养周期（天）	单套月产量 [套 /（月·套）]	饲养周期（天）	单套月产量 [只 /（月·套）]
2015	555	3.98	321	11.89
2016	624	4.54	370	12.24
2017	709	5.22	373	12.27
2018	657	5.08	416	12.32
2019	637	5.74	469	12.28
2020	566	5.11	433	12.45

表 5　白羽肉鸡商品肉鸡生产参数

年度	出栏日龄（天）	出栏体重（千克）	料重比	成活率（%）	生产消耗指数	欧洲效益指数
2011	46.2	2.24	1.96	92.3	116.2	228.6
2012	45.0	2.33	2.00	93.6	117.7	242.3
2013	44.1	2.32	1.95	94.3	115.7	254.6
2014	43.9	2.35	1.88	95.1	112.0	271.4
2015	44.2	2.31	1.86	95.1	111.6	266.2
2016	44.0	2.37	1.79	95.1	106.9	285.8
2017	43.8	2.48	1.74	95.0	103.4	309.5
2018	43.6	2.56	1.73	95.9	102.6	325.8
2019	43.8	2.51	1.74	96.0	104.1	315.5
2020	44.2	2.65	1.70	95.7	100.8	337.4

单套种鸡月产量为 4.06 套父母代雏，同比减少 11.4%。黄羽肉鸡市场消费低迷，父母代产能大于需求，且全年产能呈不断减少的趋势；平均更新周期 367 天，缩短了 6 天，单套种鸡月产量为 8.57 只商品代雏，同比减少 13.4%。祖代和父母代实际利用率降低（表 6）。

2020 年开始停止在饲料中添加使用促生长抗生素，对肉鸡的成活率有一定的影响。特别是黄羽肉鸡养殖方式较白羽肉鸡粗放，饲养环境控制和防疫等生物安全措施也不及白羽肉鸡，因此受到的影响更大，商品肉鸡生产效率下降。具体表现为：出栏日龄达到 98.7 天，增加了 1.6 天，饲料转化率降低 5.4%，生产消耗指数增加 5.1，欧洲效益指数降低 7.2（表 7）。

（五）鸡肉产品进口量继续大幅增加，贸易逆差扩大

2020 年我国在鸡肉生产量保持增长的同时，进口数量大幅增加，成为世界上

表 6　黄羽肉种鸡生产参数

年度	祖代		父母代	
	饲养周期（天）	单套月产量 [套/（月·套）]	饲养周期（天）	单套月产量 [只/（月·套）]
2015	369	3.22	470	9.38
2016	372	3.32	447	9.55
2017	367	3.57	430	8.85
2018	347	4.54	414	9.69
2019	357	4.58	373	9.90
2020	355	4.06	367	8.57

表 7　黄羽肉鸡商品肉鸡生产参数

年度	出栏日龄（天）	出栏体重（千克）	料重比	成活率（%）	生产消耗系数	欧洲效益指数
2011	82.0	1.75	2.46	96.8	138.2	84.0
2012	85.9	1.69	2.75	94.9	152.9	67.7
2013	86.7	1.76	2.72	96.6	149.2	71.8
2014	90.4	1.78	2.82	96.4	152.1	67.3
2015	89.1	1.84	2.84	96.0	151.5	69.8
2016	91.3	1.89	2.81	95.9	150.2	70.5
2017	98.3	1.92	3.02	95.9	161.9	62.0
2018	97.3	1.95	3.00	95.5	167.3	63.9
2019	97.1	1.95	2.97	95.4	163.8	64.6
2020	98.7	1.95	3.13	94.5	168.9	57.4

主要鸡肉进口国之一，出口数量继续减少（图 7）。

2020 年鸡肉产品进口 153.6 万吨，同比增长 96.4%；鸡肉产品出口 38.8 万吨，同比下降 9.3%。进口鸡肉产品基本是初加工的生鲜或冷冻鸡肉，其中又以鸡翅和鸡爪占比较大，占总量的 61.1%。2020 年贸易逆差扩大到 21.1 亿美元，同比增长

390.7%。鸡肉产品出口以深加工制品为主，占 58.4%（表 8）。

2020 年种用与改良用鸡进口 149.5 万只，同比下降 17.0%；交易金额 3 572.1 万美元，同比下降 9.2%；无种用与改良用鸡出口。进口的种用与改良用鸡为白羽肉鸡和蛋鸡祖代雏鸡，2020 年共计引进白羽肉鸡祖代 87.9 万套，占整体更新量

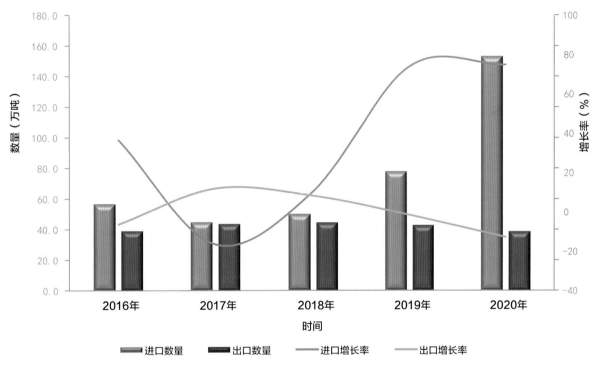

图 7　2016—2020 年鸡肉进出口贸易变化趋势

表 8　鸡肉及产品进出口贸易情况

年度	进口			出口			贸易差		
	数量（万吨）	贸易额（亿美元）	贸易额增长率（%）	数量（万吨）	金额（亿美元）	贸易额增长率（%）	数量（万吨）	贸易差额（亿美元）	贸易差额增长率（%）
2015	39.5	9.0	—	40.6	13.9	—	1.1	4.9	—
2016	56.9	12.3	36.7	39.2	13.0	−6.5	−17.8	0.7	−85.7
2017	45.1	10.3	−16.3	43.7	14.6	12.3	−1.4	4.3	514.3
2018	50.3	11.4	10.7	44.7	15.8	8.2	−5.6	4.4	2.3
2019	78.2	19.8	73.7	42.8	15.5	−1.9	−35.4	−4.3	−197.7
2020	153.6	34.6	74.7	38.8	13.6	−12.3	−114.8	−21.1	390.7

的 72.9%，较 2019 年降低 13 个百分点；平均进口价格为 39.8 美元／套，上涨 9.3%。

（六）鸡肉消费增速减缓，但仍保持较快增长

2020 年全国鸡肉消费量继续增加，达到 1 956.7 万吨，较 2019 年增加 228.7 万吨，同比增长 13.2%；人均消费量为 13.93 千克，同比增长 12.8%（图 8）。

2020 年鸡肉消费呈现三个特点：一是新零售业态快速发展，鸡肉在传统肉类零售市场的销售数量明显下滑。电商、快餐等渠道促进南北方鸡肉消费的渗透与延伸，鸡肉的区域性消费特点逐渐淡化。二是由于活禽市场关闭，加之黄羽肉鸡冰鲜产品比例有限，南方地区黄羽肉鸡消费量受到显著影响。三是团餐与外卖菜品中小型白羽肉鸡的使用量继续增加。

二、2021 年肉鸡生产形势展望

（一）肉鸡产能仍然相对过剩，需要合理调减

总体上，肉鸡产能仍相对过剩。预计 2021 年上半年鸡肉生产继续保持同比增长，下半年同比下降。全年鸡肉产量稳中略增，增加 1% 左右，其中，白羽肉鸡和小白鸡保持增长，黄羽肉鸡和淘汰蛋鸡出栏数量会有所减少。同时，随着 2021 年生猪产能加快恢复，猪肉价格逐步回落，鸡肉对猪肉的替代效应将有所减弱，预计消费增速大幅减缓，甚至可能出现负增长。

（二）肉鸡饲料成本上涨，收益难以明显改观

2021 年鸡肉对猪肉的替代效应降低，而产能调整相对滞后，市场将持续

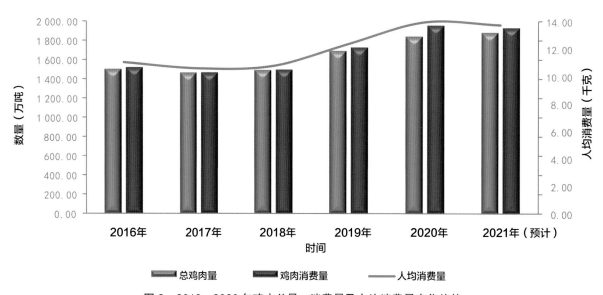

图 8　2016—2020 年鸡肉总量、消费量及人均消费量变化趋势

处于供过于求的状态，价格表现弱势，而饲料原料价格将持续走高，饲料价格将继续上升，肉鸡养殖成本增加，产业收益难以明显上涨。

（三）冰鲜肉鸡发展加速，黄羽肉鸡销售区域扩大

受新冠肺炎疫情影响，活禽屠宰配送规范化进程加快，全国多个城市推行集中屠宰、冷链配送、冰鲜上市。目前，北京市、河北省、吉林省、陕西省等 10 个省（区、市）对家禽实行定点屠宰管理。2019 年冰鲜黄羽肉鸡市场规模达到 139 亿元，2020 年的新冠肺炎疫情进一步推动了黄羽肉鸡以冰鲜鸡的方式流通。截至 2020 年 10 月，全国共有 66 个城市实现黄羽肉鸡冰鲜上市，预计 2025 年中国冰鲜黄羽肉鸡市场规模将达到 400 亿元。冰鲜黄羽肉鸡的发展，有助于黄羽肉鸡销售通过电商、商超等方式向北方扩展，将打破黄羽肉鸡主销区域集中于南方的局面。

2020 年奶业发展形势及 2021 年展望

摘 要

2020 年，我国奶业发展呈现出近年来少见的好势头，各项生产指标和效益指标全面增长，奶业提质增效开创新局面，消费者对国产奶粉的信任度增加，奶粉进口量首次下降。全年牛奶产量达到 3 440 万吨，同比增长 7.5%，创历史新高。年末全国荷斯坦奶牛存栏量同比增长 9.8%；单产水平 8.3 吨，同比增长 6.4%。全年生鲜乳平均价格 3.9 元/千克，同比增长 2.7%；每头成母牛年平均产奶利润 5 353 元，同比增长 543 元，为近年来最好水平。展望 2021 年，随着奶业振兴行动深入推进，奶牛存栏和生鲜乳产量将保持稳步增长，乳制品消费也将保持同步增长，奶业有望保持稳定向好的势头[①]。

一、2020 年奶业形势

（一）生鲜乳产量显著增长，创历史新高

国家统计局数据显示，2020 年牛奶产量 3 440 万吨，同比增长 7.5%（图 1），创历史新高，奶源自给率降幅明显收窄。生鲜乳生产仍呈现明显的区域性和季节性特征。从区域来看，北方仍然是生鲜乳主产区，其中河北省、内蒙古自治区、宁夏回族自治区、山东省和黑龙江省 5 个省（区）为奶源优势产区。农业农村部生鲜乳收购站监测数据显示，2020 年上述 5 个省（区）生鲜乳产量同比增长 9.9%，产量占到全国总产量的 64.1%，优势产区带动全国增产的效应明显。从季节来看，夏季产奶量低于春季、秋季和冬季，这表明热应激对生鲜乳产量的影响依然存在（图 2）。

（二）奶牛存栏由降转增，区域优势明显

农业农村部奶站监测数据显示，2020 年 12 月末，全国荷斯坦奶牛存栏 506.0 万头，同比增长 9.8%（图 3），这是自 2014 年以来奶牛存栏持续减少后的首次增长。从区域上看，奶牛养殖仍以北方地区为主，其中河北省、内蒙古自治区、山东省、宁夏回族自治区、黑龙江省 5

---

① 本报告分析基于全国所有持证生鲜乳收购站和 644 个规模牧场等数据。

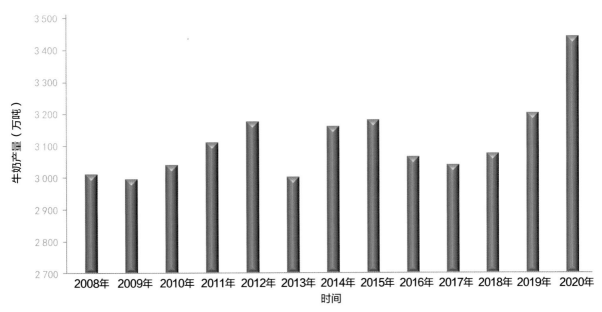

图 1　2008—2020 年国家统计局牛奶产量变化情况

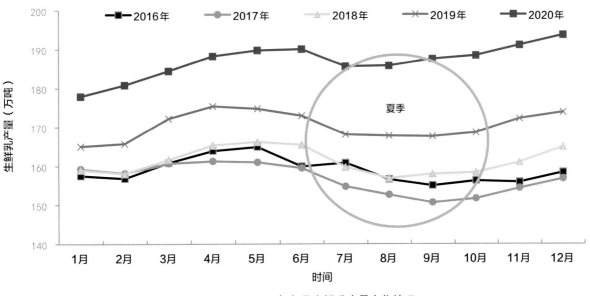

图 2　2016—2020 年各月生鲜乳产量变化情况

个省（区）奶牛养殖占全国总存栏量的 61.2%（图 4），与前两年占比相同。

（三）生鲜乳价格波动明显，持续高位运行

2020 年生鲜乳价格既受季节和需求变化的影响，又受新冠肺炎疫情的影响。2020 年 1—4 月，季节性消费下降，叠加新冠肺炎疫情影响，生鲜乳调运困难，加工企业加工量减少，生鲜乳价格明显回落。国家统计局数据显示，一季度乳制品产量同比减少 9.8%。4 月生鲜乳价格跌至最低

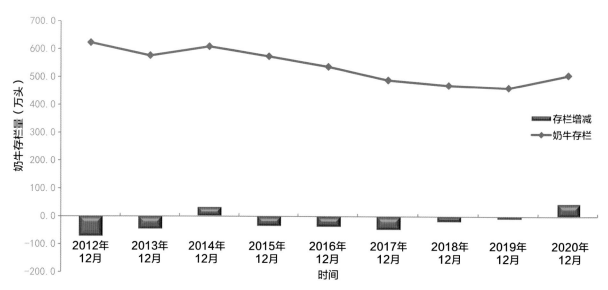

图 3　2012—2020 年全国荷斯坦奶牛存栏量变化情况

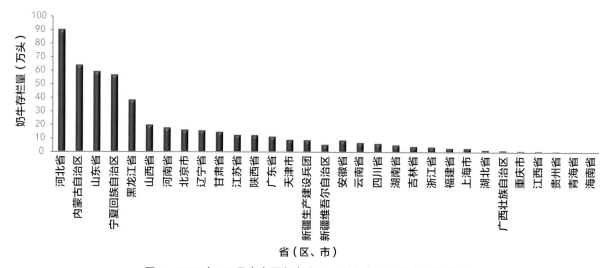

图 4　2020 年 12 月末全国各省（区、市）荷斯坦奶牛存栏情况

点，同比下跌 0.3%。4 月以后，疫情得到有效防控，乳品消费需求不断增加，乳品加工逐渐恢复，拉动生鲜乳价格回升。自 5 月以来，生鲜乳价格快速上涨，12 月末生鲜乳平均价格为 4.3 元 / 千克，同比上涨 6.7%（图 5、图 6），创自 2016 年以来的生鲜乳价格新高。

奶源优势产区的北多南少导致我国南北方生鲜乳价格差异较大（以秦岭—淮河为界划分南北方），2020 年南方生鲜乳平均价格均高于北方，尤其在夏季 6—8 月奶源供应紧缺时价差更为突出（图 7）。2020 年，南方生鲜乳平均价格为 5.1 元 / 千克，北方生鲜乳平均价格为 3.9 元 / 千克，南方较北方高出 1.2 元 / 千克（图 7）。

（四）养殖效益增加，为近 6 年来最好水平

2020 年第一季度受新冠肺炎疫情影响，消费需求下降，生产流通成本增加，

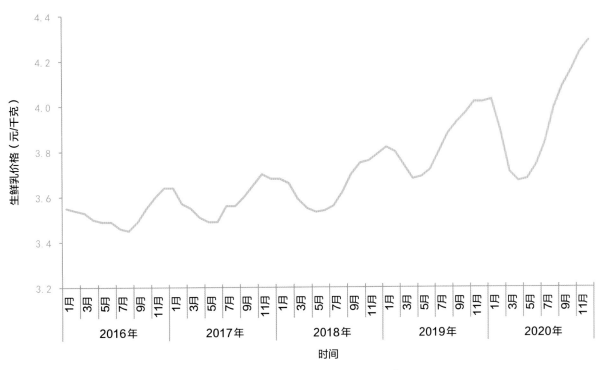

图5　2016—2020 年生鲜乳价格变化情况

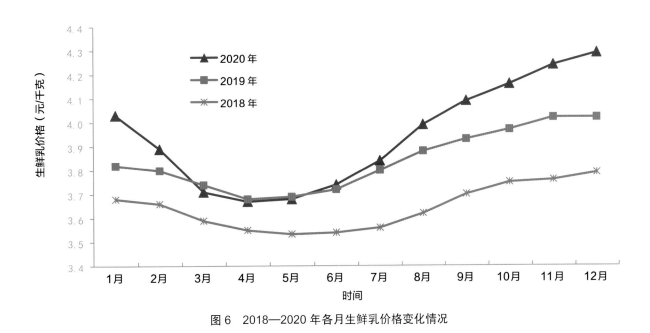

图6　2018—2020 年各月生鲜乳价格变化情况

导致生鲜乳价格加速下跌,产奶利润下降,奶牛养殖效益同比下降 2.5%。随着新冠肺炎疫情防控形势好转,5 月生鲜乳价格持续回升,养殖效益随之增长,处于历史高位。农业农村部生鲜乳收购站监测数据显示,2020 年每头成母牛年平均产奶利润为 5 353 元,同比增长 543 元,为近 6 年来最好水平(图 8)。

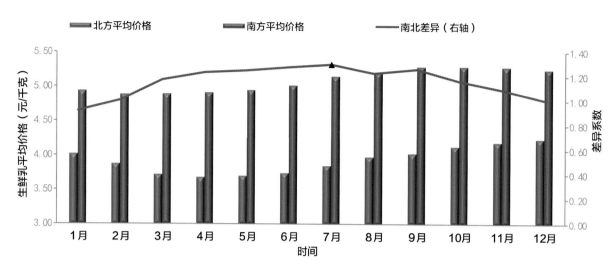

图 7　2020 年各月南北方生鲜乳平均价格变化情况

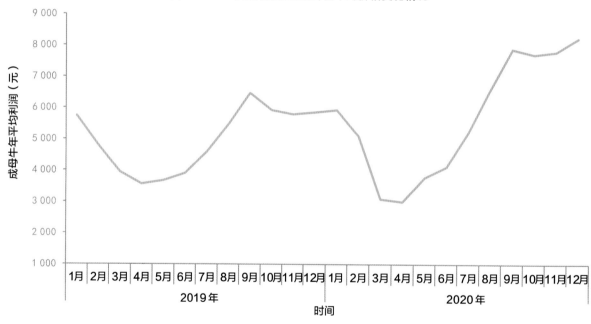

图 8　2019—2020 年规模奶牛场年平均利润变化情况

（五）分散养殖加快退出，规模化程度不断提升

2020 年中小型牧场以及养殖户继续退出，大型牧场持续增加。农业农村部生鲜乳收购站监测数据显示，截至 2020 年 12 月，奶站所涉及的养殖场户数为 2.42 万户，同比减少 12.7%。全国奶牛养殖场（户）平均存栏为 209 头，同比增长 25.8%，养殖规模化进程进一步加快，预

计 100 头以上存栏规模比重达到 67% 左右，比上年提高 3 个百分点（图 9）。

（六）奶牛生产性能不断提升，单产水平连创新高

随着低产奶牛不断被淘汰，饲养管理水平持续提升，奶牛单产水平不断提高。农业农村部生鲜乳收购站监测数据显示，2020 年全国荷斯坦奶牛平均年单产为 8.3

吨，同比增长 6.4%（图 10），创我国奶牛单产历史新高。

（七）消费需求呈增加趋势，乳制品产量持续增长

2020 年，受新冠肺炎疫情影响，一季度消费需求大幅度下滑，二、三、四季度逐渐恢复并增长。据测算，2020 年我国人均乳品消费量折合生鲜乳同比增长 2.6 千克，达到 38.4 千克。乳制品产量保持增长势头，国家统计局数据显示，2020 年我国乳制品产量 2 780.4 万吨，同比增加 2.8%。

（八）乳制品和牧草进口量继续增长，增幅明显收窄

中国海关数据显示，2020 年全国乳制品进口量为 337.0 万吨，同比增长

图 9　2012—2020 年奶牛养殖户均存栏和规模比重变化情况

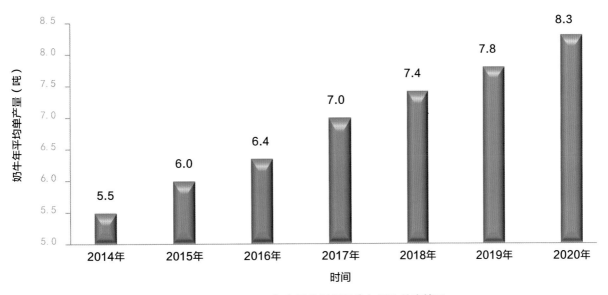

图 10　2014—2020 年全国荷斯坦奶牛年平均单产情况

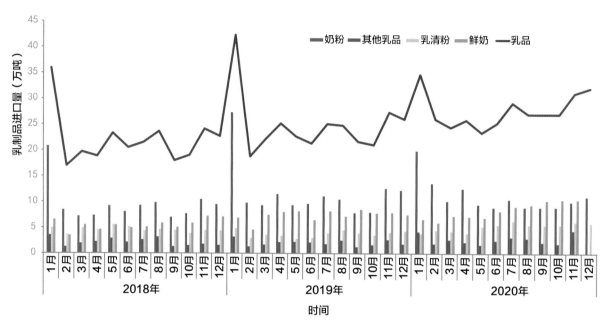

图 11　2012—2020 年全国乳制品进口量变化情况

（数据来源：中国海关）

10.2%（图 11），进口总额为 865.8 亿元，同比增长 7.0%。奶粉进口量为 131.0 万吨，同比下降 3.3.%；进口总额为 578.9 亿元，同比增加 1.0%（其中含婴幼儿配方奶粉 33.6 万吨，同比减少 2.8%，进口总额为 50.7 亿元，同比减少 2.4%）。乳清粉进口量为 62.6 万吨，同比增加 38.2%；进口总额为 8.8 亿元，同比增加 34.9%。进口奶粉数量和进口总额首次出现同比下降，主要原因是通过奶业振兴行动，奶牛养殖升级、乳品加工提升和产品创新研发，持续推动我国乳制品品质提升，达到发达国家水平，有效提振消费者信心，促进国产乳制品消费增长。在乳清粉进口量增加方面，主要是生猪生产加快恢复，仔猪饲料用乳清粉的需求量增加。

随着我国奶牛存栏增加，牧草进口需求也在增加，但首蓿干草进口增幅明显收窄。2020 年进口干草量为 169.4 万吨，同比增加 6.1%；其中进口首蓿干草 135.8 万吨，同比增加 0.2%，平均到岸价为 361.3 美元 / 吨（约合人民币 2 341 元 / 吨），同比增加 6.6%；燕麦草为 33.5 万吨，同比增加 39.0%，平均到岸价为 346.1 美元 / 吨（约合人民币 2 242 元 / 吨）（图 12、图 13）。自实施振兴奶业首蓿发展行动以来，国产首蓿品质提升，供应量不断增加，一定程度上缓解了国内首蓿缺口，首蓿进口增幅下降。

二、2021 年奶业生产形势展望

（一）奶牛存栏量将稳步增长，牛奶产量有望再创新高

随着奶业振兴行动深入推进，2021 年奶牛存栏量将稳步增长，奶牛单产水平将持续提高，牛奶产量有望再创新高，预计达到 3 600 万吨左右。

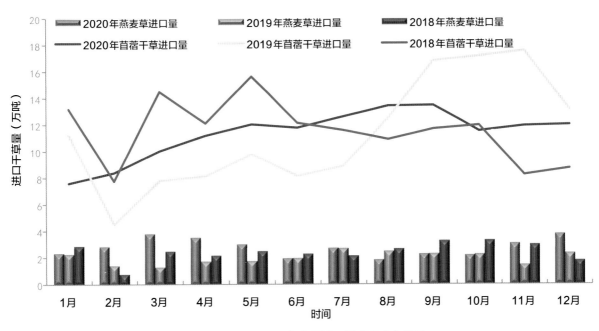

图 12 2018—2020 年全国进口干草量变化情况

（数据来源：中国海关）

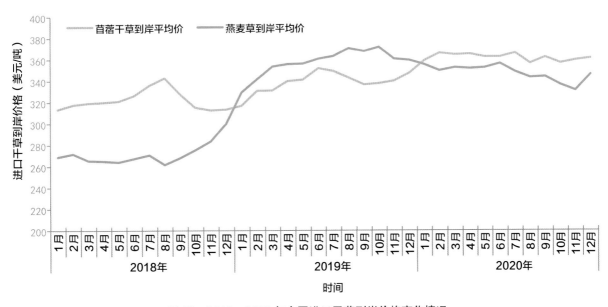

图 13 2018—2020 年全国进口干草到岸价格变化情况

（数据来源：中国海关）

（二）乳制品消费量继续增长，生鲜乳价格将高位运行

近年来，在政策引导、典型带动、宣传推动等组合拳作用下，消费者对国产乳制品信心大幅提升，预计 2021 年乳制品消费量将继续增长。随着消费者对酸奶、低温奶、奶酪等乳制品消费量的增加，原料奶需求将进一步增加，供应总体呈偏紧态势，生鲜乳价格将保持高位运行，奶牛养殖收益有望保持在较好水平。

（三）奶业全产业链竞争力增强，高质量发展进程加快

2021 年，奶业主产省（区）奶源基地建设将进一步加快，乳制品供给和消费需求将更加契合，乳品质量安全有望继续保持高水平，科技创新能力将持续提升，奶牛场物联网和智能化设施设备加快应用，将明显提升奶牛养殖机械化、信息化、智能化水平，进一步推动我国奶业高质量发展。

2020 年肉牛产业发展形势及 2021 年展望

摘 要

2020 年，肉牛产业发展总体平稳，养殖户扩产积极性较高，牛肉产量稳定增长，消费增长较快，拉动牛肉进口大幅增加，国内供需总体呈偏紧态势。国家统计局数据显示，全年牛肉产量 672 万吨，同比增长 0.8%。海关总署数据显示，牛肉进口增长 27.7%。农业农村部肉牛生产监测[①]，2020 年 12 月底，肉牛存栏同比增长 7.2%，能繁母牛存栏同比增长 8.2%；全国牛肉市场价格同比上涨 14.9%，养殖保持较好收益。预计 2021 年，肉牛存栏稳中有增，牛肉产量保持稳定增长，牛肉价格继续高位运行。

一、2020 年肉牛产业形势

（一）牛肉产量小幅增长

国家统计局数据显示，2020 年全国牛肉产量 672 万吨，同比增长 0.8%。新冠肺炎疫情前期导致肉牛出栏受阻，据农业农村部监测，2020 年 2 月出栏同比降幅达到 42.8%。后期出栏持续恢复，4 月开始肉牛出栏反降为增，但受前期降幅较大影响，全年牛肉出栏同比小幅下降 0.3%（图 1）。

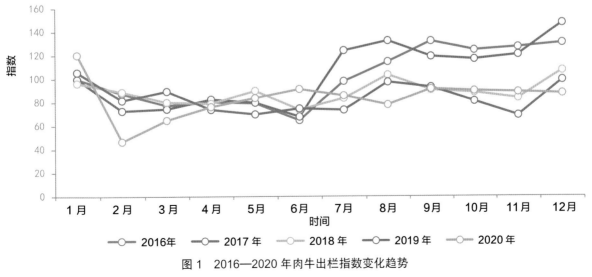

图 1　2016—2020 年肉牛出栏指数变化趋势

① 本报告分析判断主要基于 22 个省区市 100 个县的 500 个定点监测行政村、1 500 个定点监测户、约 2 300 家年出栏肉牛 100 头及以上规模养殖场的养殖量及成本收益等数据，存栏、出栏指数为结合监测村和规模场数据及占比参数进行综合折算。

由于 2020 年育肥出栏肉牛平均活重达到 576 千克，同比增长 1.0%，全年牛肉产量同比小幅增长。

（二）肉牛产能处于近年高位

肉牛产能持续增加，产能水平处于监测以来历史高位。据农业农村部监测，2020 年 12 月末，肉牛存栏同比增长 7.2%，较 2016 年末增长 10.2%（图 2）；能繁母牛存栏同比增长 8.2%（图 3），较 2016 年末增长 4.3%；部分"粮改饲"试点地区[①]能繁母牛存栏增幅更大，同比增长 13.7%。

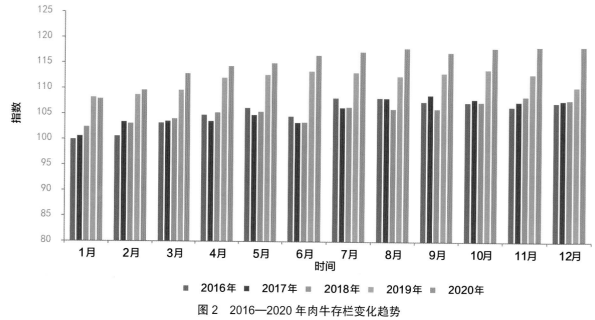

图 2　2016—2020 年肉牛存栏变化趋势

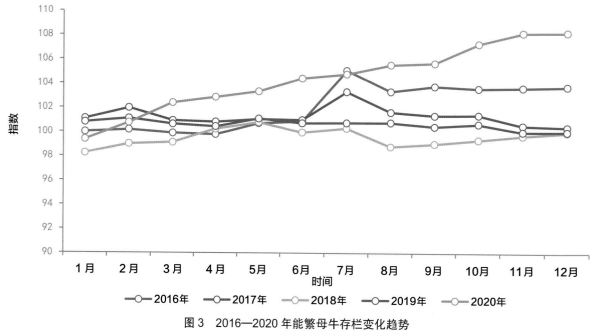

图 3　2016—2020 年能繁母牛存栏变化趋势

---

① 监测覆盖"粮改饲"试点区涉及 16 个省（区）46 个试点县 225 个村。

2020 年新生犊牛数同比增长 7.2%（图 4）。

（三）肉牛产业素质持续提高

一是母牛繁殖成活率提高。据农业农村部监测，2020 年能繁母牛繁殖**成活**率 64.9%，同比增长 5.0 个百分点，较 2016 年增长 8.5 个百分点（图 5）。2020 年新生犊牛数和母牛繁殖率均为近年高位。

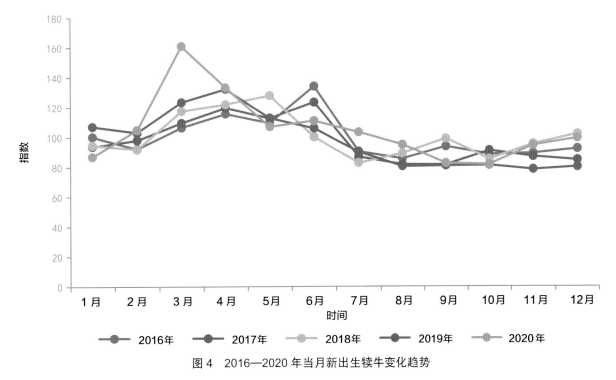

图 4　2016—2020 年当月新出生犊牛变化趋势

图 5　2016—2020 年监测新出生犊牛数及繁殖率变化趋势

二是肉牛养殖集中度和规模化水平提高。据监测，2020 年 12 月，肉牛养殖户比例为 17.3%，同比减少 0.5 个百分点，监测户平均肉牛存栏量为 7 头，同比增长 10.3%（图 6）；规模场肉牛场均存栏量为 222 头，同比增长 8.0%。

三是肉牛个体生产效率提高。据监测，2020 年出栏肉牛头均活重为 576 千克，较 2019 年增加 6 千克；2020 年出栏肉牛头均育肥增重 308 千克，同比增加 15.9%。

（四）牛肉消费继续增长，供需缺口呈扩大趋势

随着城镇化进程加快、居民收入水平逐步提高以及肉类消费结构的持续优化，营养健康受关注度的不断增强，消费者对牛肉等产品的需求持续增长。2020 年，

我国表观人均牛肉消费量[①]为 6.29 千克，同比增长 5.7%，较 2016 年增长 29.0%，消费端需求年均增长 6.6%，快于生产端增速，供需缺口呈扩大趋势（图 7）。

（五）肉牛产品价格持续高涨，养殖效益处于较高水平

近年牛肉供求总体趋紧，拉动价格持续上升。2020 年育肥出栏肉牛每千克价格为 33.03 元，同比上涨 16.6%；繁育出售架子牛每千克价格为 42.95 元，同比上涨 35.2%；每千克牛肉价格为 84.1 元/千克，同比上涨 14.9%（图 8）。牛肉产品价格自 2019 年 8 月开始进入上行通道，牛肉价格持续震荡上涨，2020 年第 52 周每千克牛肉价格为 87.2 元，同比上涨 5.9%，较 2019 年 8 月上涨 21.8%，创历史新高。牛源供

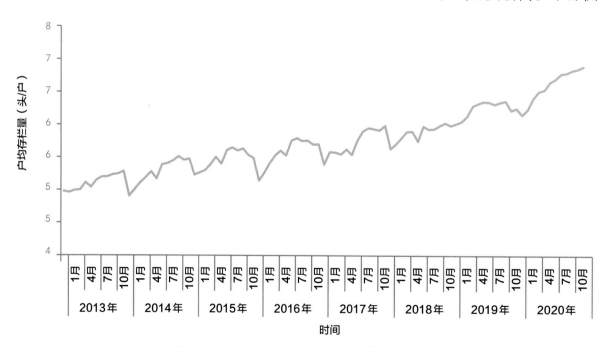

图 6　2013 年以来肉牛监测户户均存栏量变化趋势

---

① 表观人均牛肉消费量＝（牛肉总产量＋牛肉进口量－牛肉出口量）÷总人口数量。

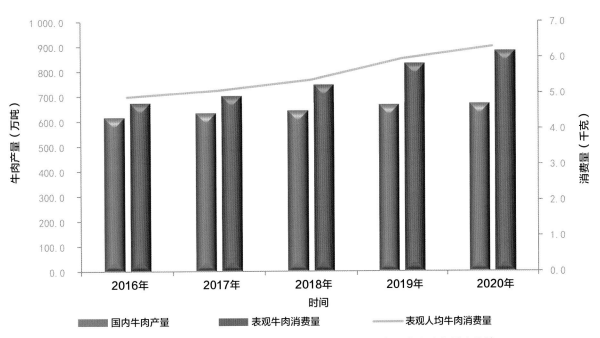

图 7　2016—2020 年国内牛肉产量、表观牛肉消费量及表观人均消费量变化情况

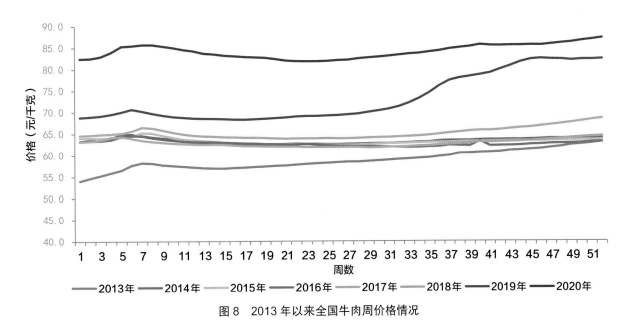

图 8　2013 年以来全国牛肉周价格情况

应偏紧导致 2020 年能繁母牛和犊牛架子牛市场价格持续高涨，部分区域平均 50 千克重的犊牛每千克价格上涨到 80~100 元，吉林省伊通县、云南省建水县，以及河北省、山西省、宁夏回族自治区、贵州省等部分区域能繁母牛市场头均价格达

23 000~26 000 元。饲料成本上涨推高了养殖成本，监测显示，2020 年育肥出栏肉牛头均养殖总成本 13 281.38 元，同比增长 9.6%，其中，饲料成本增长 29.2%（表 1）。综合测算，肉牛养殖效益继续增长。2020 年育肥出栏头均纯收益为

3 254 元，同比增长 48.5%（图 9）。肉牛养殖继续呈现高成本、高收益格局。

（六）牛肉进口大幅增加，进口价格下滑

2020 年我国进口牛肉 212 万吨，同比增长 27.7%；每吨牛肉平均到岸价格 4 821.9 美元（折合人民币约 31.0 元/千克），同比下降 1.7%（图 10）。我国进口的牛肉主要来自巴西、阿根廷、澳大利亚、

乌拉圭及新西兰。其中，从巴西进口 84.9 万吨，占比 40%；从阿根廷进口 48.3 万吨，占比 23%；从澳大利亚进口 25.4 万吨，占比 12%；从乌拉圭进口 23.0 万吨，占比 11%；从新西兰进口 17.0 万吨，占比 8%；其余从南非、美国、加拿大及智利进口。2020 年我国牛肉进口价格持续下行，8 月突破近三年的低位水平（4 456.7 美元/吨，28.8 元/千克），并于 10 月跌至 4 255.7 美元（折合人民币约 27.3 元/

表 1　2016—2020 年肉牛养殖成本及饲料成本变化　　　　　　　　　　　　　　（单位：元/头）

年份	育肥户				繁育户			
	养殖总成本	总饲料成本	精饲料费用	粗饲料费用	养殖总成本	总饲料成本	精饲料费用	粗饲料费用
2016	11 029.63	2 578.27	1 775.93	802.34	5 251.05	1 334.93	808.63	526.31
2017	11 253.02	2 611.25	1 831.86	779.40	5 350.38	1 351.83	826.44	525.39
2018	11 603.03	2 773.70	1 985.25	788.45	5 247.93	1 135.91	667.40	468.51
2019	12 119.62	2 848.41	2 060.91	787.50	5 726.63	1 184.61	722.09	462.52
2020	13 281.38	3 680.39	2 286.15	1 394.25	7 860.13	2 282.78	1 484.61	798.18

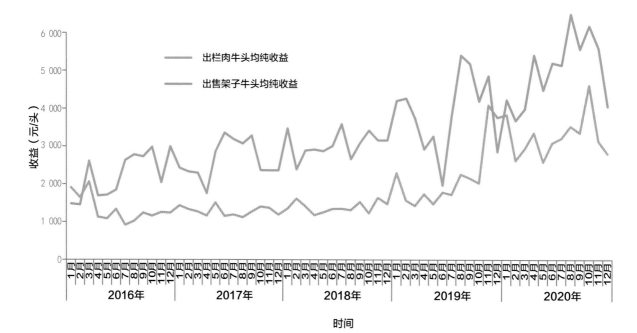

图 9　2016—2020 年不同肉牛饲养类型头均收益变化情况

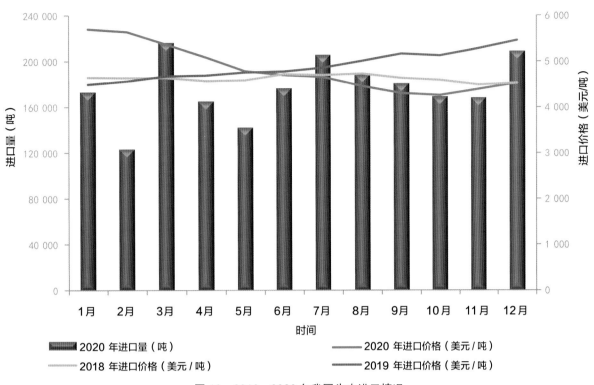

图 10 2018—2020 年我国牛肉进口情况

千克）后有所回升。

二、2021 年肉牛生产形势展望

（一）肉牛生产保持稳中有增

市场行情的利好增加养殖户的补栏积极性，国家也将进一步增加政策扶持力度，预计 2021 年肉牛存栏将稳中有增，个体生产性能进一步提升，牛肉产量保持小幅增长。

（二）牛肉消费将持续增长

随着全面小康社会的建成，人们对优质产品需求的不断增长，对牛肉的需求增长是长期、持续和刚性的。据美国农业部预测，2021 年我国牛肉消费将增长 2%。

（三）牛肉进口继续增长

由于与国外牛肉价差拉大，以及国内强劲的牛肉消费需求，牛肉进口将保持增长态势，预计 2021 年牛肉进口会达到 250 万吨左右。

（四）肉牛养殖保持较好收益

国内牛肉供需将依然保持紧平衡态势，牛肉价格仍将高位运行，带动肉牛养殖效益处于较好水平，但由于饲草料价格的大幅上涨拉高养殖成本，预期 2021 年肉牛养殖效益会低于 2020 年，但继续呈高成本高收益格局。

2020 年肉羊产业发展形势及 2021 年展望

摘 要

在养殖利好和消费升级的"双轮驱动"下，2020 年我国肉羊生产继续向好。国家统计局数据显示，2020 年全国羊肉产量同比增长 1.0%。据农业农村部监测[①]，2020 年全国肉羊出栏同比增长 1.1%，肉羊存栏同比增长 5.2%；活羊和羊肉价格上涨，双双创历史新高，肉羊养殖效益显著提升。羊肉进口量有所减少。展望 2021 年，肉羊产业发展进一步向好，预计羊肉产量稳中有增，羊肉消费需求持续增长，供需仍呈紧平衡状态，羊肉价格保持高位，肉羊养殖收益较好。

一、2020 年肉羊产业形势

（一）肉羊生产稳中向好

受羊肉价格持续上涨和农历节日推后等因素的影响，2020 年末存在压栏现象，肉羊存栏增幅较大。据农业农村部监测，2020 年 12 月肉羊存栏同比增长 5.2%，其中，绵羊存栏同比增长 4.5%，山羊存栏同比增长 7.5%。能繁母羊和新生羔羊略有下降，2020 年 12 月，能繁母羊存栏同比下降 0.5%，全年新生羔羊总量同比下降 1.2%（图 1）。自 2020 年 3 月以来，肉羊出栏稳步恢复，全年肉羊出栏数量同比增长 1.1%（图 2）。国家统计局数据显

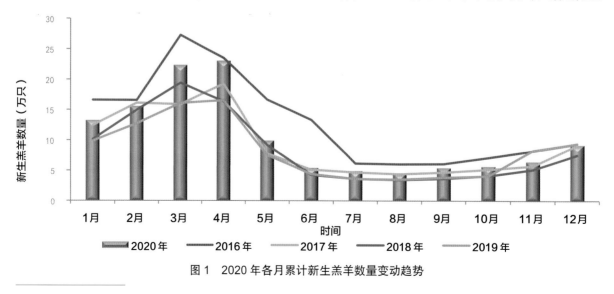

图 1 2020 年各月累计新生羔羊数量变动趋势

---

① 本报告分析主要基于全国 100 个养羊大县中 500 个定点监测村、1 500 个定点监测户和年出栏 500 只以上规模养殖场数据。

示，2020 年全国羊肉产量同比增长 1.0%。

（二）肉羊产业素质稳步提升

一是在城镇化发展和环保等因素影响下，小规模养殖户逐步退出，肉羊养殖规模化水平不断提升，产业发展的专业化

程度提高。据监测，2020 年养羊户数和养羊户比例[①]均继续呈下降趋势（图 3），平均养殖规模呈上升态势（图 4），肉羊养殖户均存栏为 77.4 只，同比增长 8.0%，预计 2020 年全国年出栏 100 只以上肉羊规模养殖场户比例将提高至 42.9%，比

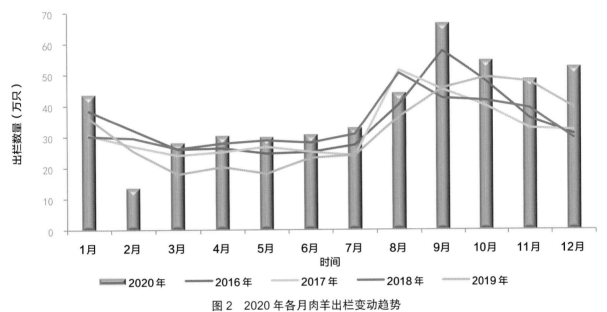

图 2　2020 年各月肉羊出栏变动趋势

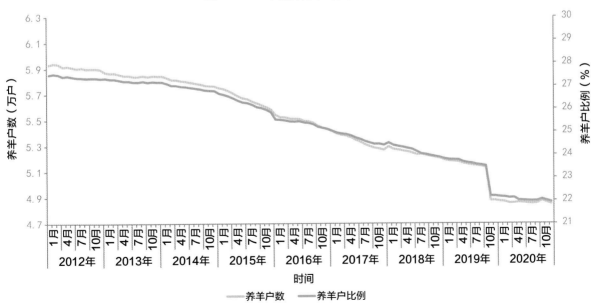

图 3　2012 年 1 月以来监测村养羊户数和养羊户比例变化情况

---

① 2019 年 11 月监测方案调整后，监测样本发生变化，养羊户数减少约 2 500 户，养羊户比例下降约 1.3 个百分点。

2019 年增加 2.2 个百分点。二是随着育种繁殖、舍饲圈养等技术的推广应用，肉羊繁育水平也得到相应提升。据监测，2020 年绵羊和山羊自繁自育户的产羔率①分别为 109.1% 和 112.0%，同比分别增长 9.6 个和 9.4 个百分点。三是在高养殖效益的驱动下，农牧户投入意愿增强，饲养管理水平提升，肉羊出栏活重显著增加。据监测、2020 年绵羊和山羊平均出栏活重同比分别增长 2.8% 和 7.9%（图 5）。

（三）肉羊产品价格涨幅明显

据监测，2020 年每千克绵羊出栏均价 29.89 元，同比上涨 8.5%；每千克山羊出栏均价 43.21 元，同比上涨 6.6%；12 月每千克羊肉出栏均价 83.03 元，同比

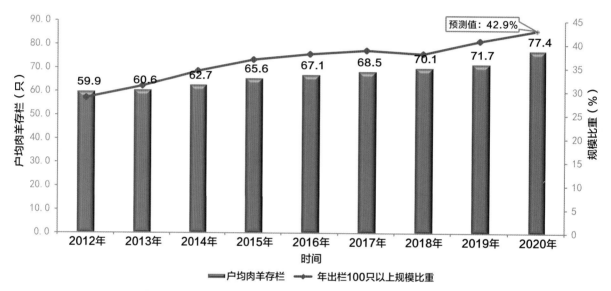

图 4　2012 年以来监测村养羊户的户均养殖规模和年出栏 100 只以上规模比重变化情况

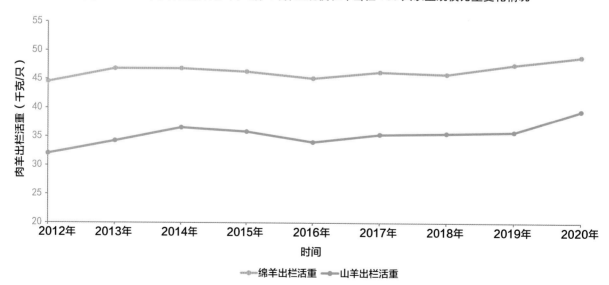

图 5　2012—2020 年肉羊出栏活重变化情况

---

① 产羔率按照"户均产羔率（%）＝全年户均累计新生羔羊数量／户均能繁母羊存栏的月平均值 ×100"计算。

上涨 3.9%，均创历史新高。供给方面，2020 年上半年受新冠肺炎疫情的影响，肉羊出栏受限，下半年受西部和北部牧区旱情严重、禁牧政策执行力度加大等影响，牧区草场资源紧张，肉羊生长较为缓慢；加之本年度闰月节气推后，牧区肉羊出栏高峰推迟，全年肉羊供给增加缓慢。需求方面，受新冠肺炎疫情的影响，羊肉消费呈上半年减少下半年快速恢复并有所增加的态势。在供需紧平衡情况下，全年肉羊产品价格持续高位运行，而由疫情引发的短期供求错峰，进一步加快肉羊产品价格的持续上涨（图 6、图 7）。

图 6　2012 年 1 月以来肉羊出栏价格变化情况

图 7　2012 年以来集贸市场羊肉价格走势

（四）肉羊养殖总成本上升

整体上，羔羊、架子羊和饲料成本均在上涨。受活羊和羊肉价格上涨带动，繁育户留羔和扩群意愿增加，加之新冠肺炎疫情的影响，部分区域活羊调运受限，羔羊和架子羊供应量相对减少，推动羔羊和架子羊成本增加。据监测，2020 年绵羊①只均养殖成本 914 元，同比上涨 9.2%；山羊只均养殖成本 616 元，同比上涨 6.8%（图 8）。其中，绵羊羔羊和架子羊每只平均成本为 645 元，同比上涨 8.5%；山羊羔羊和架子羊每只平均成本为 405 元，同比上涨 1.9%。玉米价格上涨带动精饲料成本上涨，绵羊每只平均精饲料费用为 183 元，同比上涨 18.4%；山羊每只平均

精饲料费用为 115 元，同比上涨 22.6%。架子羊价格方面，2020 年绵羊架子羊出售平均价格为 850 元 / 只，同比上涨 33.2%，山羊架子羊出售平均价格为 776 元 / 只，同比上涨 17.0%。

（五）肉羊养殖效益显著提升

全年出栏一只绵羊和一只山羊分别可获利 434 元和 687 元，同比分别上涨 6.1% 和 6.3%，均创历史新高（图 9）。分养殖模式来看，自繁自育户由于养殖成本相对较低，每只平均养殖收益较专业育肥户高，自繁自育户出栏一只绵羊和一只山羊分别可获利 629 元和 738 元，比专业育肥户分别高 391 元和 271 元。分区域来

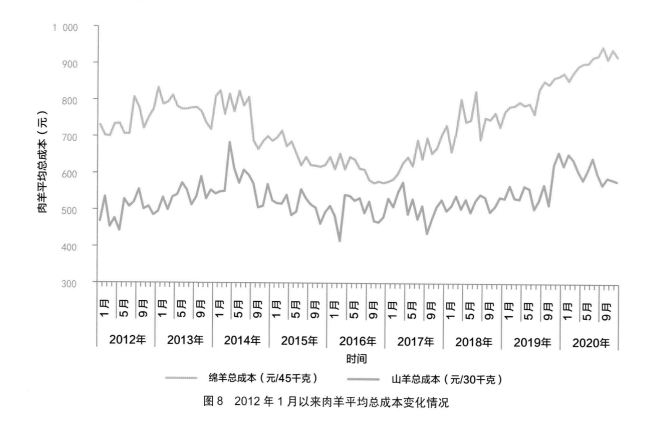

图 8　2012 年 1 月以来肉羊平均总成本变化情况

---

① 成本、效益测算部分，绵羊重量每只按 45 千克计，山羊重量按 30 千克测算。

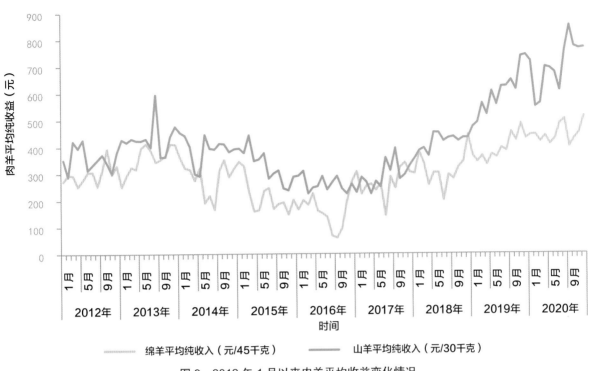

绵羊平均纯收入（元/45千克）　　　山羊平均纯收入（元/30千克）

图 9　2012 年 1 月以来肉羊平均收益变化情况

看，牧区半牧区绵羊养殖效益高于农区，而牧区半牧区山羊养殖效益低于农区。牧区半牧区出栏一只绵羊可获利 493 元，比农区高 221 元；出栏一只山羊可获利 640 元，比农区低 16 元。

（六）羊肉进口下降

我国羊肉进口以冻带骨绵羊肉为主，出口以山羊肉为主。全年羊肉进口量 36.5 万吨，同比下降 7.0%；进口额 121.25 亿元，同比下降 0.3%。羊肉出口量 0.17 万吨，同比下降 11.7%，出口额 1.32 亿元，同比下降 4.1%。羊肉贸易逆差 119.93 亿元，同比下降 0.2%。进出口贸易国（地区）比较集中，其中，进口主要来自新西兰和澳大利亚两国，从两国的进口量占总进口量的 96.7%；出口以中国香港特别行政区为主，占总出口量的 89.1%。

二、2021 年肉羊生产形势展望

（一）肉羊生产稳中有增

近年来，羊肉价格持续上涨，肉羊养殖效益保持较高水平，推动养羊户淘汰生产性能低的能繁母羊，补栏优良性能的能繁母羊。尽管 2020 年能繁母羊存栏同比小幅下降，但肉羊生产性能有所提高，肉羊产能提升的效果逐步显现，2021 年肉羊生产将稳中有增。

（二）羊肉消费需求继续增长

2020 年初暴发的新冠肺炎疫情在短期内对我国居民羊肉消费造成了较大影响，随着疫情逐步得到控制，居民生产、生活逐渐步入正轨，羊肉消费已经基本恢复。与此同时，疫情也改变了居民的消费习惯，线上交易量增加给羊肉消费需求的增长创造了有利条件。特别是随着我国城镇化水平提高、居民收入增长以及肉类消费结构升级，对高蛋白、低脂肪、富含营养物质的羊肉消费需求明显提升，羊肉消费需求将会继续增长。

（三）肉羊养殖效益将继续处于较好水平

由于肉羊养殖周期与投资回报周期较长、资源环境约束较大，肉羊供给短期内增长幅度有限，羊肉供给偏紧的格局不会发生根本改变，肉羊出栏价格和羊肉价格继续处于高位水平。与此同时，饲料原料价格上涨将推升肉羊养殖成本。

预计 2021 年羊肉价格和肉羊出栏价格仍处于高位，肉羊养殖效益也将继续处于较好水平。

（四）羊肉进口量将保持稳定

2021 年羊肉国内外价差大的趋势将延续。但由于 2020 年国外新冠疫情持续蔓延，我国先后在多批进口冷冻肉类及包装上检出新冠肺炎病毒阳性，国内消费者对进口羊肉信任度下降，加之国内消费者对国产羊肉的口味偏好，均影响羊肉进口。综合判断，预计 2021 年我国羊肉进口规模将稳中微降。

2020 年畜产品贸易形势及 2021 年展望

摘　要

受我国猪肉供给偏紧、主要肉类出口国国内消费低迷等因素影响，2020 年我国肉类进口大幅增加，其中猪肉、牛肉和禽肉进口量创历史新高，分别为 439 万吨、212 万吨和 155 万吨，分别较 2019 年增长 108%、27.7%、95.5%，羊肉进口则小幅下降。国内奶类价格上涨带动乳品进口继续增加，较 2019 年增长 10.4%，折合生鲜乳 1 875 万吨。新冠肺炎疫情对肉类出口国生产影响相对较小，但消费低迷等因素导致全球肉类价格指数从二季度开始低于 2019 年同期。预计 2021 年全球肉类产量增长，全球肉类贸易量总体增长，而随着我国生猪产能的逐步恢复，2021 年我国肉类进口量将有所下降。

一、畜产品贸易

（一）肉类进口量大幅增加

2020 年我国肉类（含杂碎）进口 991 万吨，同比增长 60.4%；进口额为 307.33 亿美元，同比增长 59.6%。

（1）猪肉进口量翻番，创历史新高。2020 年进口猪肉及猪副产品 566 万吨，同比增长 81%，占肉类进口量比例为 57.1%。进口鲜冷冻猪肉（包括肥猪肉）439 万吨，同比增长 108%；进口额为 120.2 亿美元，同比增长 157%。进口猪肉来自 20 个国家，进口量前 10 位的国家依次是西班牙、美国、巴西、德国、加拿大、丹麦、荷兰、智利、法国和英国，分别占 21.9%、15.9%、11.0%、10.7%、9.6%、8.4%、6.1%、4.0%、2.9% 和 2.7%，合计进口 409.6 万吨，占猪肉总进口量的 93.3%（图 1）。

（2）牛肉进口量继续大幅增加。进口牛肉 212 万吨，同比增长 27.7%；进口额为 101.8 亿美元，同比增长 23.8%。进口牛肉来自 29 个国家，进口量前 5 位的国家依次是巴西、阿根廷、澳大利亚、乌拉圭和新西兰，分别占 40.1%、22.8%、12.0%、10.8% 和 8.0%，合计进口 198.4 万吨，占牛肉总进口量的 93.7%（图 2）。

（3）羊肉进口量小幅减少。进口羊肉 36.50 万吨，同比下降 7.0%；进口额为 17.44 亿美元，同比下降 6.3%。进口羊肉

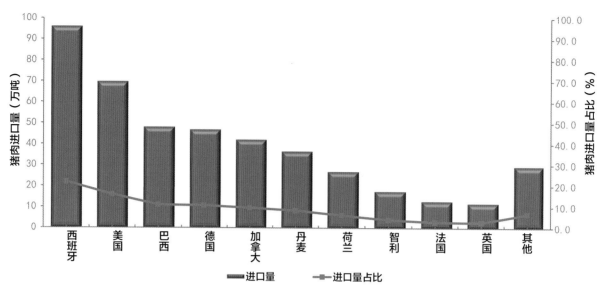

图 1　2020 年猪肉主要进口市场进口量及占比

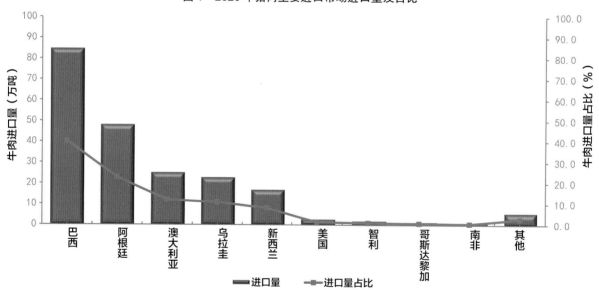

图 2　2020 年牛肉主要进口市场进口量及占比

来自 7 个国家，其中新西兰和澳大利亚合计进口 35.3 万吨，占羊肉进口量的 97%。

（4）**禽肉产品进口显著增加**。进口禽肉及其杂碎 155.39 万吨，同比增长 95.5%；进口额为 35.0 亿美元，同比增长 73.9%。进口禽肉及杂碎来自 13 个国家，进口量前 6 位的国家依次为巴西、美国、俄罗斯、泰国、阿根廷和智利，分别占

44.2%、27.2%、9.5%、7.6%、6.3% 和 2.5%，合计进口 151.19 万吨，占禽肉及杂碎进口量的 97.3%。

（二）蛋类出口量略增

蛋产品以出口为主，2020 年出口 10.17 万吨，同比增长 0.9%，出口额为 1.80 亿美元，同比下降 5.7%。

（三）乳品进口品种间增减出现分化

2020 年进口乳制品 328.12 万吨，同比增长 10.4%，进口额为 117.06 亿美元，同比增长 5.2%，折合生鲜乳 1 875 万吨，同比增长 8.3%（干制品按 1∶8，液态奶按 1∶1 折算），其中，液态奶 107.19 万吨，同比增长 16%；进口额为 13.67 亿美元，同比增长 17.8%。干乳品 220.93 万吨，同比增长 7.8%；进口额为 103.4 亿美元，同比增长 3.8%。

从进口干乳品的主要构成看，大包粉进口 100.31 万吨，同比下降 4.4%，进口额为 33.31 亿美元，同比增长 4.8%；主要来自新西兰和澳大利亚，分别占 69.3% 和 8.9%。婴幼儿配方奶粉进口 33.56 万吨，同比下降 2.8%，进口额为 50.66 亿美元，同比下降 2.4%；主要来自荷兰、新西兰、法国和德国，分别占 35.5%、21.6%、

10.5% 和 6.9%。乳清进口 62.64 万吨，同比增长 38.2%，进口额为 8.18 亿美元，同比增长 34.9%；主要来自欧盟、美国和白俄罗斯，分别占 41.9%、39.3% 和 9.5%。奶酪进口 12.92 万吨，同比增长 12.5%，进口额为 5.90 亿美元，同比增长 13.1%；主要来自新西兰、欧盟和澳大利亚，分别占 56.3%、21.3% 和 13.9%。

二、国际畜产品市场形势

联合国粮农组织（FAO）肉类价格指数从 4 月开始低于 2019 年同期。据 FAO 数据显示，肉类价格指数（基期为 2014—2016 年）1 月为 103.61，此后连续 9 个月下降，至 9 月跌至 91.47，10 月止跌回升至 91.78，至 12 月继续小幅上涨为 95.10，环比上涨 1.79，同比下跌 7.57（图 3）。

禽肉和猪肉价格指数整体回落，牛

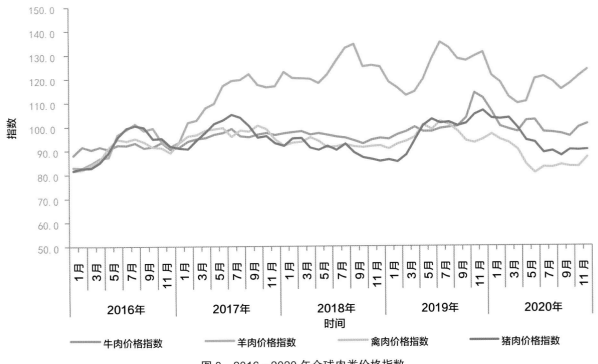

图 3　2016—2020 年全球肉类价格指数

肉价格指数相对稳定，羊肉价格指数回升。禽肉价格指数 2020 年 1 月为 96.71，2 月开始震荡回落，11 月跌至 83.0，12 月环比回升 3.96 个点，同比减少 7.61 个点，连续 10 个月低于 2019 年同期。猪肉价格指数由 2019 年 12 月 106.50 震荡回落，2020 年 9 月跌至 87.53，后略有回升，12 月小幅回升至 90.14，同比减少 16.36 个点，连续 8 个月低于 2019 年同期。牛肉价格指数自 2019 年 11 月 113.98 震荡回落，2020 年 10 月跌至 95.76，后又有所回升，12 月环比小幅上涨 1.43 个点，同比减少 10.89 个点，为 100.91，连续 6 个月低于 2019 年同期。羊肉价格指数从 2019 年 12 月 130.93 开始回落，2020 年 4 月回落至 109.45，5 月开始连续 3 个月回升，至 7 月回升至 120.72，8 月开始再次连续 2 个月回落，后又有所回升，至 12 月回升至 123.63，同比减少 7.30 个点，连续 10 个月低于 2019 年同期。

奶制品价格总体上涨。据 FAO 数据显示，奶制品价格指数 2020 年 1 月为 103.84，2 月开始连续 4 个月下跌，5 月跌至 94.43，6 月开始连续 6 个月回升，12 月为 109.3，环比增加 3.9 个点，同比增加 5.7 个点，连续 6 个月高于 2019 年同期。

全球奶粉价格连续 4 个月小幅回落后价格上扬，其中美国价格回落，欧盟、大洋洲价格小幅回升。2020 年全球全脂奶粉批发价格从 1 月的 3 531 美元 / 吨下跌至 5 月的 2 945 美元 / 吨，6 月开始连续 2 个月回升，8—11 月价格回落，至 11 月回落至 3 290 美元 / 吨，12 月小幅上涨

至 3 378 美元 / 吨，同比下跌 4.1%，其中美国全脂奶粉批发价格由 1 月的 3 987 美元 / 吨震荡下跌，12 月下跌至 3 470 美元 / 吨，同比下跌 11.9%；大洋洲全脂奶粉批发价格从 1 月的 3 194 美元 / 吨震荡上涨，7 月涨至 3 263 美元 / 吨，之后价格先降再升，9 月降为 2 956 美元 / 吨，12 月回升至 3 256 美元 / 吨，同比上涨 1.5%；欧盟全脂奶粉批发价格 1 月为 3 413 美元 / 吨，之后连续 5 个月下跌，5 月跌至 2 400 美元 / 吨，之后连续 4 个月回升，9 月升至 3 288 美元 / 吨，10 月小幅回落至 3 263 美元 / 吨，之后价格又有所回升，12 月升至 3 406 美元 / 吨，环比上涨 3.6%，同比下跌 0.3%（图 4）。

三、2021 年中国畜产品贸易展望

（一）2021 年全球肉类产量和贸易量总体增长

预计 2021 年全球猪肉产量 10 216 万吨，较 2020 年增长 4.4%；2021 年全球猪肉出口量与 2019 年基本持平，其中，欧盟 2021 年猪肉产量预计达到 2 269.6 万吨，较 2020 年下降 0.6%，猪肉出口量预计为 386 万吨，同比下降 9.4%。美国猪肉产量预计达到 1 293.19 万吨，同比增长 0.6%；猪肉出口量预计为 386 万吨，同比下降 9.4%。2021 年全球鸡肉产量预计为 10 292.6 万吨，增长 2.1%；鸡肉出口量预计为 1 218.5 万吨，增长 2.0%。2021 年全球牛肉产量预计为 6 145.3 万吨，增长 1.7%。当前和今后一个时期，新冠肺炎疫情等不确定因素仍将会对未来的肉类消费和国际贸易产生影响，预计国际市场肉类

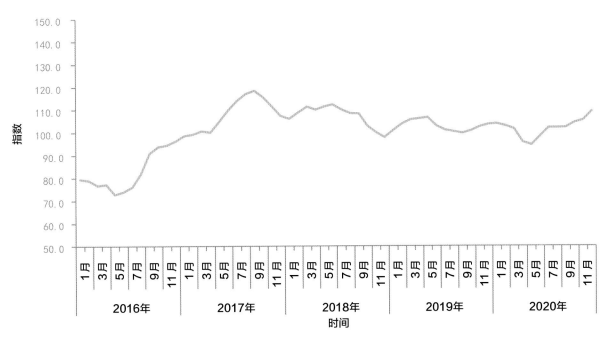

图 4　2016—2020 年全球奶类价格指数

价格仍将呈现低迷状态。

（二）预计 2021 年我国肉类进口量总体下降，奶类可能小幅增长

随着我国生猪产能的逐步恢复，猪肉进口量将会相应减少，但仍将保持高位，预计下降到 380 万吨左右。牛肉进口继续增长，预计在 250 万吨左右；羊肉进口相对稳定，保持在 35 万吨左右；鸡肉进口稳中有降，预计在 150 万吨左右。受国内奶类价格上涨和消费需求推动，预计乳制品进口量继续小幅增加，折合生鲜乳 2 000 万吨左右。